中国鸟类图鉴

Vol.1 Raptor

猛禽版

A PHOTOGRAPHIC GUIDE
TO THE BIRDS OF CHINA

宋晔 闻丞/编著

海峡出版发行集团

海峡书局

图书在版编目（ＣＩＰ）数据

中国鸟类图鉴：猛禽版／宋晔，闻丞编著．－－ 福州：海峡书局，2016.10（2022.4 重印）
ISBN 978-7-5567-0256-5

Ⅰ．①中… Ⅱ．①宋… ②闻… Ⅲ．①鸟类－中国－图集 Ⅳ．①Q959.708-64

中国版本图书馆CIP数据核字(2016)第225078号

出　　版　　人：林彬
编　　　　　著：宋晔 闻丞
策　　　　　划：曲利明
特邀编辑／绘图：胡若成
责　任　编　辑：廖飞琴 林前汐 陈婧 卢佳颖
装　帧　设　计：黄舒堉 李晔 董玲芝
封　面　设　计：黄舒堉 宋晔
插　图　绘　画：张田

中国鸟类图鉴（猛禽版）
zhōngguó niǎolèi tújiàn (měngqínbǎn)

出版发行：海峡出版发行集团 海峡书局
地　　址：福州市鼓楼区五一路北路110号
邮　　编：350001
印　　刷：深圳市泰和精品印刷有限公司
开　　本：889毫米×1194毫米　1/32
印　　张：10
图　　文：313码
版　　次：2016年10月第1版
印　　次：2022年4月第3次印刷
书　　号：ISBN 978-7-5567-0256-5

定　　价：128.00元

《中国鸟类图鉴（猛禽版）》编委会 /

成　员 / （排名不分先后，按姓氏笔画排列）

沈越　张永　张国强　张明　徐永春

摄　影 / （排名不分先后，按姓氏笔画排列）

Björn Johansson	丁进清	万绍平	马鸣	王小炯	王文桐
王尧天	王昌大	王昀	王彭竹	文志敏	邓嗣光	叶航
叶翔燕	田三龙	田穗兴	白文胜	冯利萍	邢睿	老顽童
西门	曲利明	刘哲青	刘璐	汤国平	许传辉	许波
许莉菁	许益源	孙少海	孙华金	孙驰	孙晓明	那兴海
李利伟	李彬斌	李维	李强	李锦昌	杨华	杨庭松
杨晔	肖克坚	肖怀民	吴健晖	吴崇汉	吴廖富美	沈越
宋迎涛	宋晔	张代富	张永	张国强	张明	张岩
张建国	张浩	张铭	张鹏	陈久桐	陈丽	林月云
林剑声	罗平钊	罗爱东	季文辉	金炎平	周奇志	郑建平
赵兴	赵军	赵勃	赵超	姜克红	洪春风	祝芳振
姚立宇	胡鹏	袁屏	莫振	贾云国	顾莹	钱斌
徐永春	徐松平	翁发祥	高川	高云江	高宏颖	郭天成
唐利明	崔永利	黄亚慧	龚本亮	董磊	韩玉清	韩冬
韩绍文	焦庆利	谢林冬	路遥	蔡卫和	蔡伟勋	蔡欣然
谭博	颜小勤	薄顺奇				

分布图制作协作单位 / 中国观鸟组织联合行动平台、北京市海淀区山水自然保护中心、汇丰银行（中国）有限公司

十多年前曾有一场关于中国国鸟的争论。丹顶鹤、红腹锦鸡、朱鹮等珍稀美丽的鸟类，乃至喜鹊这样的寻常鸟类，纷纷上了候选榜。在10种候选国鸟中，水鸟占了4种，鸡形目鸟类占了3种，仅有1种猛禽——猎隼在列。后继粗略的公众投票统计显示，猎隼得票并不高，尽管社会各界有很高呼声将丹顶鹤联合推荐为国鸟，然而到底谁最终成为中国国鸟至今仍未见分晓。在联合国安理会的五大常任理事国中，美国以白头海雕为国鸟，俄罗斯以鹰为国鸟，而双头鹰也是俄罗斯国家形象的象征。中国则是其中唯一一个尚未确定国鸟的国家。传统意义上，猛禽指所有属于隼形目和鸮形目的鸟类。鹰常被用作俗称，指代隼形目的任何种类；而鸮形目中那些具有面盘，有时还有竖立的耳状羽的物种，又俗称猫头鹰。几乎所有猛禽都以肉食性为主，性情凶猛，体态雄健，处于食物链的顶端，深受人类喜爱，是世界各地诸多初民文化中的图腾，也是当今多个国家的国鸟。然而在中国，鹰的形象并不常出现在公众媒体场合，而大众对鹰的了解也十分有限。若非20世纪90年代期间非法猎隼贸易的新闻频繁出现在电视媒体上，绝大多数国人可能都不知道隼和鹰有什么区别？到底什么是猎隼？它们跟我们有什么关系？对于猫头鹰类，恐怕除了教科书教给的"猫头鹰吃老鼠"这一知识点，大家对它就再无其他认识了。因此，我们亟须一本系统介绍猛禽——也就是中国的鹰和猫头鹰们——知识的专著，这本书能让中国人方便直观地认识、了解和我们共享一片天空的猛禽，找回祖先对这些自由精灵的敬意。于是，《中国鸟类图鉴（猛禽版）》应运而生。

在中国的1400余种鸟类中，猛禽仅有98种，其中有66种"鹰"、32种"猫头鹰"。猛禽虽然不是一个很大的生态类型，但不同的种类却分布在中国陆地的各种环境中，即便高山大漠也不例外。另外，在春秋两季有大群猛禽集中沿中国地形阶梯状结构第二级和第三级间分界的山脉迁徙，也有部分猛禽飞越中国近海的一些区域。随着观鸟活动在全国各地蓬勃发展，大规模猛禽迁徙这一自然界中原先鲜为人知的奇观逐渐为观鸟者发现，并吸引了社会各界越来越多的关注。辽宁老铁山、河北唐海、北京百望山、山东长岛、南京老山、重庆和四川之间的平行岭谷、云南红河河谷、广西冠头岭、宁夏贺兰山山口等一系列之前不为人知的猛禽迁徙集中过境"瓶颈"纷纷进入人们的视野。观鸟者们搜集积累的基础数据也显示，纵贯中国南北的这条猛禽迁徙路线上能记录到超过30种猛禽，种类超过了世界上有报道的所有猛禽迁徙路线。然而，由于猛禽往往从高空飞过，观察不易，给依据体貌特征进行识别造成了困难。另一方面，许多种猛禽的雌、雄、成、幼羽色乃至体形也有差异，或者一种猛禽有各种色型，这更容易让初涉观鸟的人感到困惑。然而每次鉴别出一只奇异色型的蜂鹰或者大䴓都能给大家以别样的欣喜，更何况每次观赏到雄鹰在蓝天白云中翱翔都能给人涤荡心灵的体验。猛禽，是魅力值爆表的一个类群。虽然此前出版的《中国鸟类图鉴》已收录有中国绝大多数鹰和猫头鹰的照片，但对绝大多数物种而言，并未完备地收录能展现其性别、年龄和色型差异的影像资料，文字描述也较为扼要。《中国鸟类图鉴（猛禽版）》此次大大扩充了对中国猛禽的描述，也展示出中国民间在鸟类基础数据搜集和监测保护方面取得的长足进步。

猛禽作为食物链上的顶级物种，对环境变化极为敏感，也容易因为人类的捕杀而急剧减少。在西欧和北美，工业革命以来都发生过一些猛禽因环境污染或猎杀而濒临灭绝的事情。在中国，所有鹰和猫头鹰都是国家二级或一级保护动物。其中，毛腿渔鸮、猎隼、白兀鹫等是濒危物种，历史上曾见于云南南部的白背兀鹫和黑兀鹫为极危物种。此外，白腿小隼分布极其狭窄，仅见于江西、福建和云南的个别地区，其受胁程度尚未引起足够的重视。事实上，由于绝大多数猛禽活动范围极大，自然保护区对每种猛禽的分布范围覆盖极少，中国的猛禽虽然未被记录到大规模消失或局部灭绝，但其生存状况也不容乐观。我少年时代曾见过的蔽日鹰阵，至今再未见报道。而一些历史上数量巨大的猛禽，如黑鸢等，已经从中国东部大面积消失。针对这些现象，既缺乏系统的历史数据记录，也缺乏科学方面的深入研究，更未有专门的保护行动。《中国鸟类图鉴（猛禽版）》可以视为对当今中国猛禽分布和野外生存情况的一辑快照，希望能为弥补上述缺憾迈出小小的一步。

猛禽是顶级捕食者，或高来高去，或性情隐秘，拍摄难度极大。本书中选用的图片并没有采用人工手段来摆拍、诱拍，更没有在动物园或鸟园内拍摄那些已经被人工控制的个体。全部图片来自野外，均为自然生态摄影作品。不言而喻，如果没有本书108位鸟类摄影师长期野外工作，翻山越岭、风餐露宿，为读者奉献出众多精彩的猛禽图片，本书也绝无面市之意义。在此，我们对这些作者表示由衷的敬佩与感谢。

2016年3月于北京

　　本书的读者朋友一定了解，每一种野生动物都有其偏好的"生境"并生活其间，猛禽也不会例外。广袤的中国大地上，各种猛禽所需的生境可谓一应俱全——无论是西部戈壁还是东部海岛、北部荒野还是南部雨林、乡下农庄抑或是钢筋水泥构建的大都市，都可能是某些猛禽隐居其间的乐土。有心人大可以尝试寻觅追踪这些空中霸主的踪迹。

　　了解猛禽的活动偏好，对于发现它们来说至关重要。

　　老鹰的身体比那些靠频繁振翅产生升力飞行的小鸟沉重，所以它们的飞行策略是尽量借助上升气流的托举，尤其对那些体形相对较大的鹰种来说更是如此。通常来讲，每天上午气温会逐步升高到一定程度，不少老鹰会借助这个时间开始形成的热气流开始盘旋和飞行。而在天空背景下出现一只老鹰黑色的剪影是最容易被人们注意到的一种情形。一旦我们发现某只大鸟在空中持续"画圈"飞行，或是有一只鸟鼓翼的频率很低，似乎像风筝一样飘在空中，我们就该有所察觉，也许自己视野中出现的正是一只老鹰。此时，一架8倍或10倍的双筒望远镜是恰当的器材，我们可以在目镜里观察到属于这只鹰的更多细节而不只是一团黑影。如果手中有一台焦距400mm以上的单反相机那更佳，我们可以及时拍摄下这只鹰的影像，带回家细细对照本书分辨。

　　而对待那些藏在浓密树叶中白天睡觉的猫头鹰则有不同的搜寻方式。我们通常会选择夜晚行动。待入夜以后，用手电筒的光线在树林中缓慢移动扫视四周。一旦有猫头鹰站在树上，它们的眼睛会呈现出宝石般的反光，让我们可以高效地锁定它们的位置。但需要注意的是：用手电长时间照射猫头鹰等夜行动物的眼睛，不但会使自己的观察对象处于恐惧不安的情绪之中，更加对其健康不利，实属违背野生动物观察伦理的粗鲁行为，请尽量缩短这样的时间，使之控制在数秒之内为妥。

　　一旦我们身处旷野，路旁的电线杆、电话线、高压电塔、水泥桩、大树、土堆等突出物是寻找猛禽的捷径。很多老鹰喜欢停栖在这些地方居高临下、以逸待劳，观察地面上活动的小雀和小鼠，伺机捕捉它们。而一些不太介意在白日活动的猫头鹰亦会如此。此时如果我们架起一台数十倍的单筒望远镜，视野里会出现猛禽静态的飒爽英姿，如相距不远，视觉效果一定不凡，大可在此时尽情欣赏。

　　若是我们在群山峻岭之中，不妨多多留意山脊线上方的天空。老鹰翱翔所需的风力和热力会沿着山的斜面上升，在山脊线上方形成稳定的上升气流对它们提供飞行支持。这是我们观察山区森林猛禽和春秋迁徙猛禽的主要方式。在本书两位著者所处的北京，每年春秋都会有30余种、总数上万的老鹰沿着西部山区的脊线在定向地迁徙飞行。

　　另外还有一些规律可供读者参考。如大雨过后，天空放晴，很多老鹰会飞到开阔的枝头，展开翅膀晾晒羽毛；在我国北方滴水成冰的冬季，一些山区依然有不冻的溪流，附近会聚集不少鸟兽前来喝水、洗澡，也会吸引以它们为食的猛禽的大驾光临；在人类居住点和村庄附近常常会有味道难闻的露天垃圾场，啮齿类的老鼠会在夜幕降临后肆虐于此，猫头鹰便常常守候在这里准备大显身手；此外，一旦我们发现喜鹊、乌鸦、卷尾、海鸥等一些鸟类表现出强烈的焦躁感，便可以快速观察周围，看是否有猛禽飞过来了……

除了这些大抵的技巧外，若读者想去拜访某种特定的猛禽，就意味着对它的生活习性需要做进一步细致的了解，以便能在恰当的时间前往它们所处的独特生境觅得目标。前期策划、行程设计需要依靠自身的理论与经验积累，探索过程往往艰苦或不顺利，但这样的行动方能检验功力，最终成功后所收获的成就感更加非同一般。

举例而言，在确保时间恰当的前提下——要寻找喜吃鱼的鹗和爱在芦苇荡中游弋的白尾鹞，我们会前往郊区的湿地和大湖；要寻找游隼，运气够好的话，一个养鸽人居住的房顶上就可能有所斩获；雀鹰和凤头鹰不惧喧闹，在城市公园即可生活甚至繁殖；爱袭击蜂巢的凤头蜂鹰会在养蜂人的蜂箱附近徘徊；孔武有力的金雕可能需要我们进入大山深处才能觅得英踪……

在英国出版的《Raptor Watch》一书中，著者罗列了全球几百个国家共392处为人所知的观鹰地点。其中中国分别是河北北戴河、北京香山、四川青城山、西藏林芝、香港、台湾地区台北的观音山、彰化的八卦山等，而诸如山东长岛、辽宁老铁山岛、广西冠头岭、重庆南山等在国内名声显赫的观鹰点还并未包含在内。可以估计，未被发现的猛禽观察点在国内只怕仍有数百不止，正静静地等待具备科学精神和博物素养的读者们去亲自探究。

2016年3月于北京

鹰形目 > 鹗科

鹰形目 > 鹰科

隼形目 > 隼科

鸮形目 > 草鸮科

鸮形目 > 鸱鸮科

鹰隼的分类与区别

　　"鹰"和"隼"两类鸟共同组成了人们口中的"老鹰"。虽然有个别鹰科鸟类也在黄昏至夜间觅食，我们亦可以把这个族群定义成"昼行性猛禽"——即在白天活动的猛禽，以区别猫头鹰。它们都为肉食性，身体矫健，孔武有力，善于飞翔，在各国的文化中常常具有神话色彩，受到人们的喜爱乃至崇拜。所有鹰隼都被列入《国家重点保护野生动物名录》，均为国家一级二级重点保护物种。目前这类自然保护的"旗舰物种"却深受栖息地丧失，农药、鼠药毒害，人为捕捉、驯养、标本

人类活动区域不断扩大，栖息地与之重叠的鹰隼受到来自人类社会的威胁/内蒙古/徐永春

制作等多重威胁，数量急剧下降。

　　从生物学角度，鹰隼与鹳形目的水鸟拥有共同祖先，而与也被归为猛禽的猫头鹰一族亲缘关系极远。鸟类学传统分类认为鹰科、隼科、鹗科、美洲鹫科、蛇鹫科隶属于"隼形目"。2013年世界鸟类学家联合会对外发布鸟类名录v3.4，把鹗科、美洲鹫科、蛇鹫科并入了新的"鹰形目"，原隼形目被削减为仅存1个"隼科"，而鹰形目一跃成为220种的大目，可谓"鸟丁兴旺"。

美洲鹫科的黑美洲鹫正在分食一只鬣蜥／哥斯达黎加／宋晔

蛇鹫科的唯一成员蛇鹫正漫步在非洲草原上／肯尼亚／路遥

我国幅员辽阔，栖息地多样。除见不到美洲鹫科（5属7种）和蛇鹫科（1属1种）的猛禽外，其他鹰形目和隼形目的不少成员我们都有机会观察到。在野外观察实践上，鹰形目猛禽在飞行时翅膀外端有独立探出的初级飞羽，我们称为"翼指"。而隼形目猛禽因为翅形为三角形，尖端收拢，所以通常看不出明显的翼指。此外隼的虹膜是深黑色，而鹰的虹膜颜色相对多样，可表现为黄、橙、红、褐等不同颜色，可作为在近距离分辨鹰与隼的依据。

鹰隼的制胜武器

各种鹰隼的体形差距很大。体形大的秃鹫翅展可达3米，体重10余千克；体形小的红腿小隼和白腿小隼翅膀长度仅为10厘米左右，体重50克。

鹰形目和隼形目猛禽的视野宽阔，目力极强。它们眼睛占面部比例较大，眼球圆，呈管状嵌入长筒的眼眶中，类似双筒望远镜。通过改变内睫状肌的活动改变水晶体的形状，可以在很短的时间内迅速调整目力，做到从超级远视眼到近视眼之间的高速转换，这样在追击猎物时才可以不间断地锁定目标。此外鹰隼的眼睛还有一些特殊的构造如巩膜骨、眉骨、栉膜等，用来保护眼睛在飞行时不被强大的气流压力挤压变形，或者被空气中的尘粒和林中的灌木野草打伤。但是这样的眼睛把图像放大时会分散光线，所以呈现在视网膜上的图像虽然很大但却暗淡，无法在暗光条件下发挥作用，只能静等光线强了再行活动。故称为"昼行性猛禽"。值得一提的是，近年来世界各地均发现一些鹰隼个体能在暗夜中借助城市的路灯灯光扑击老鼠，这也是物种可以适应环境改变的明证。

除了如炬的目力以外，鹰隼的武器还有锐利的嘴和趾。它们的上喙比下喙长，尖端尖锐，弯曲呈钩状。强大的颚肌具有惊人的咬合力，可以撕破很结实的动物身体。隼的上喙有锋利的类似牙齿功能的齿突，鹃隼有双齿突，这些结构使之可以快速切断颈椎脉并肢解猎物。同理，锐利的趾配备有角质的爪，可以轻易刺进猎物体内，在控制猎物的同时对其造成严重的物理损伤。此外，不同的种类的猛禽脚趾还有不同的作用。比如爱吃鱼的鹗的外趾可以向后翻转，使脚趾成为两前两后的"对趾型"，以便更加牢固地握持，防止湿滑的猎物挣脱。爱吃蛇的蛇雕脚和腿上覆盖着坚硬的瓦状鳞片，防止毒蛇咬伤。而以腐肉为食的鹫类爪许多退化，不充当武器的爪反而使之在地面行动更加迅速。

鹰隼的翅膀保障了它们在空中高效灵活地飞行。平时许多鹰隼可以借助白日的热气流，像风筝一样挂在空中盘旋，可一旦锁定猎物，猛禽会一改悠闲的风格，转为凶悍。不少鹰属猛禽可以在密林中快速移动，一边回避其中复杂的横枝斜干，一边捕捉小雀，表现出既精确又机动的飞行素质。而一些隼科猛禽则以战斗机般的超高速，空对空袭击其他高速飞行的飞鸟，这个过程中甚至创造出地球生物的最高时速。一些雕属猛禽自高空而下，利用巨翅俯冲，加上自身不俗的重量，可以制服像狐狸、山羊一类的大型猎物，表现出令人惊叹的统治力。

此外，尾巴还是鹰隼飞行的转向和急停装置，形状不一而足。黑鸢的尾羽内凹呈现叉形，而海雕和胡兀鹫的尾羽中央外凸呈现楔形焉 和雕的尾羽比较短，隼和鹞的尾羽比较长等等。

鹰隼的生活

鹰隼在繁殖期成对活动，平时大部分单独生活，也有的种类喜群居，一般营巢、捕食等活动存在领域性。鹰隼食性较杂，食谱广泛，许多种类可以接受从昆虫、两栖爬行动物、小型哺乳动物、鸟类、鱼类、软体动物的活体到动物尸体等各类食物。也有些鹰隼对某种的食物存在独特偏好，比如蜂鹰就尤其爱袭击蜂巢，食用蜂及蜂蜜、幼虫等；短趾雕特别爱吃蛇；渔雕尤为擅长捕鱼；爱吃骨头的胡兀鹫会飞到高空把大块的动物骨头抛下，在坚硬的岩石上摔碎后再食用；指名亚种的白兀鹫懂得使用工具，它们会用喙衔起石块掷向大鸟蛋，将其敲碎食用。值得一提的是，鹰隼不能消化猎物所有的骨、羽、毛，在进食后的几小时到几天时间内，它们会把这些食物残渣集结成"食丸"，通过口腔吐出体外。

虎头海雕与白尾海雕在空中争斗抢夺食物/日本/路遥

在鹰隼的栖息地，除了人类以外，它们的敌人往往是鸥科、鸦科、卷尾科等鸟类，它们会主动挑衅、攻击、驱赶猛禽从某个区域离开，过程往往伴有战斗。偶尔

体形接近3米的秃鹫正在被一只喜鹊追打骚扰／北京／徐永春

鹰隼会进行反击，大多时候选择会敬而远之，亦有鹰隼会在与这些鸟的争斗中不幸负伤。

在繁殖期，鹰隼会出现复杂的炫耀飞行，或上下起伏或呈螺旋状，抑或是左右摇摆。一些求偶期的鹰隼还会成对共同完成复杂的"婚飞"特技，雄鸟和雌鸟的4只脚对握在一起，翻着筋斗从空中一起跌落，快到地面时才突然松开，然后再次腾空而起。

有些鹰隼会利用喜鹊乌鸦等现成巢，有些会在树冠顶部、悬崖峭壁、岩洞、芦苇茂密处的草堆等地筑巢。小型鹰隼可能每窝产卵多达6枚，大型种类数量仅为1-2枚。繁殖行为可能根据环境变化而变化，在有些食物严重短缺、气候环境恶劣的年份，它们甚至可能会停止产卵。孵化完毕后，在父母不能带回足够的食物时，相对强壮的鹰雏还会啄击同巢孱弱的鹰雏，甚至将之吃掉，最后往往只有少数1-2只小鹰得以存活。

　　在春、秋两季，种类众多的鹰隼会投入到鸟类迁徙的洪流中去。在空中形成无比壮阔的"鹰之河"。比如亚洲东部的迁徙线路上，猛禽秋天从东北、朝鲜半岛、

赤腹鹰妈妈正在给子女送上一顿美味的蜥蜴午餐/湖北/徐永春

西伯利亚和日本沿着我国东部海岸线向南进发，直至华南、东南亚甚至更远的南方越冬；春天再沿着同样的路线折返繁殖。年复一年，周而复始，从未停歇。以阿穆尔隼（红脚隼）为例，它们最初被人们发现于黑龙江的阿穆尔地区，因而得名。每年夏天，它们飞到俄罗斯与我国东北北部繁殖，冬天则要前往非洲好望角一带越冬，仅单程就长达16000千米，忍受着饥饿和劳累，跨越千山万水，沿途超过七成的个体会折损在漫漫征途中。猛禽就是在以这样的方式艰难又壮丽地存在于自然界。

　　目前，人们对于猛禽迁徙的了解还所知不多，国内外的科学工作者正在积极采用各种方式进行研究，如环志及GPS追踪等。在本书两位编者所服务的"北京鹭之飞

凤头蜂鹰正在高空集群迁徙／北京／宋晔

羽生态监测工作室"，猛禽迁徙监测调查项目已经风雨无阻每日不间断地持续了数年，记录了飞经亚洲东部鹰道的33种共超过6万只迁徙猛禽，相关数据正不断生成，这也将为人们持续增进对这些自然界濒危物种的了解尽上绵薄之力。

　　本书收录中国境内有记录的鹰隼类猛禽66种，详细介绍请参阅后文的猛禽分述。

夜行性的猛禽"鸮"——就是人们口中经常提到的"猫头鹰"。虽然猫头鹰和鹰隼全都体魄强健、耳聪目明，还都有着利爪钩喙，可说到底，它们之间的亲缘关系还是非常远，并没有直接的共同祖先。是相同的捕食习性和生活环境催生了这两类鸟近似的体貌特征和外部形态，使它们在漫长的自然历史中越长越像，这就是"趋同进化"。

世界上猫头鹰有原鸮科、草鸮科和鸱鸮科3科。其中原鸮科*Protostrix*的化石被发现于北美洲始新世底层中，共计5种，现已全部灭绝；草鸮科现存26种，鸱鸮科223种，在除南极洲以外的所有大洲都有分布。我国有草鸮科（按中国鸟类名录V4.0，为仓鸮科）3种，主要分布于南方；鸱鸮科29种，分布于全国各地。鸮的数量稀少，目前世界上这类自然保护的"旗舰物种"深受栖息地丧失，农药、鼠药毒害，人为捕捉、驯养、标本制作等多重威胁，数量正在急剧下降，在我国情况尤甚，需要人们

鸱鸮科的白眉鹰鸮／马达加斯加／宋晔

更多关注这个脆弱的类群。

鸮与其他鸟类不同，长着圆圆的面盘，大大的眼睛注视前方，看起来睿智机

一只斑眉林鸮在夜晚飞到路灯附近的树上，伺机捕捉趋光而来的大蛾与食蛾的蝙蝠/哥斯达黎加/宋晔

警又不失可爱。在希腊神话中，猫头鹰是雅典娜的化身；在日本，猫头鹰是吉利和幸福的象征；缅甸很多寺院都用猫头鹰饰品做护身符；欧洲不少国家都将猫头鹰视作吉祥鸟及智慧象征。猫头鹰角色更是大量现身电影、小说、漫画中，可谓粉丝众多。在我国，虽然传统上人们由于惧怕猫头鹰在静夜中的鸣叫和悄无声息的飞行而把猫头鹰视作"不祥之鸟"，但越来越多人觉得这是一类很"萌"的动物，甚至不少人想饲养一只猫头鹰，殊不知猫头鹰均为国家二级保护动物，买卖、持有猫头鹰

经过《哈利·波特》小说和电影的持续渲染，"魔法信使"雪鸮已成为世界级动物明星/内蒙古/徐永春

的行为会触犯法律。

鸮的制胜武器

鸮作为猛禽，都是不折不扣的狩猎大师，自然界中受万众敬仰的"顶级消费者"。各种鸮的体形差距颇为悬殊。在我国，体形最大的雕鸮体长可达75厘米，重达4.5千克。而同为鸱鸮科的领鸺鹠体长仅15厘米，体重最重也仅仅63克。相对于白天捕食的鹰隼，鸮的体色通常都比较暗淡而不醒目，这是它们在黑夜的暗光条件下以"偷袭"为主要捕食方式的一种适应。

树洞里居住的领鸺鹠体长仅15厘米/河南/董磊

而优异的夜视能力、听力，无声的飞行能力更是其在自然界安身立命的绝技本领。

大多数猫头鹰是夜行动物。鸮的视网膜上遍布了专门在黑暗中感受弱光的柱状细胞。两只大大的眼睛只能目视前方，并不能转动。眼睛从脸盘上的两个角度注视同一目标，110度左右的视野中有60度-70度重叠，这样的"双眼视觉"就产生了深度感，可以精确定位猎物。而需要窥视周围情形的时候，它们的脖子可以旋转多达270度，有时还可以把头转到一些在咱们人类看来奇奇怪怪的位置，最近的研究显示，鸮类特殊的颈动脉与脊动脉的血管结构可以使之不会像其他动物一样在大角度旋转头部时损伤头颈部的血管和影响脑部供血。

猫头鹰的听力亦很优秀。有些种类的鸮整个脑袋的外形就有聚拢声波、放大声音的功效，就像一只大号的耳朵。绝大多数鸮类的耳朵居然是左右不对称的——有些种类是肉质部分的外耳的位置不对称，有些是外耳的形状或皮肤皱褶不对称，有的是骨架本身就不对称。同时它们左右耳获取的声音频率也略有不同。当一只鸮在黑暗中搜索猎物时，它对声音的第一个反应是转头，但它并不是在侧耳倾听，转头的作用是使声波传到左右耳的时间产生差异，左耳会先于右耳听到声音，当这种时间差增加到30微秒时，猫头鹰即可准确分辨出声源的方位。科学研究表明，它们大脑听区的神经细胞比其他鸟类多得多，对外界声音的分析处理过程很复杂，这些声音信息被保留在专门的"数据库"中，一旦再次遇到，能够被无延迟调用。

在漆黑的暗夜，纵然是夜行动物，它们的能见度也势必难以达到理想状态。所以，很多夜行动物都是"顺风耳"，靠高强的听力觅食和避敌。针对这些敏感的夜行动物，鸮类首先装备有消音构造的双翼，使之无声飞行，从而实现"暗杀"式的狩猎过程。猫头鹰翅膀表面羽毛上的绒毛能有效清除频率为2000赫兹以上的噪声

（田鼠等许多猎物对2000赫兹以上的声音极为敏感）。其次，大多数鸟的翅膀张开时有整齐的外轮廓，但猫头鹰的翅膀的外轮廓为锯齿状，扇动时可使周边产生细小流线型涡流。这样对稳定翅膀的气流降低噪声大有帮助。再次，猫头鹰的飞羽后缘形同围巾边缘的穗状物亦能降低空气湍流穿过后缘时产生的噪声。

在成功捕捉到猎物后，鸮类与鹰隼一样的钩喙和锐爪可以快速致死、肢解猎物，然后大快朵颐。

鸮的生活

少数鸮可以在白天活动，如雪鸮等；一些鸮在白天、黑夜皆可活动，如纵纹腹小鸮、短耳鸮等。绝大部分鸮严守夜行本分，白天在茂密的树叶树枝、荒草滩、岩

短耳鸮在白天也可以进行猎食活动/北京/西门

壁、树洞等场所安静休息，等待夜幕降临。

夜晚活动的鼠类为鸮家族集体最为钟爱的食物，此外大型昆虫是小型鸮的主食，松鼠、刺猬、兔类等小兽是一些大型鸮乐于捕食的对象，蜥蜴、蛙类、小鸟、鱼类也是部分鸮食谱中的重要组成。在进食后，大部分猛禽都有吐食丸的习性，而猫头鹰这一特点比鹰隼更加突出。它们的喙虽然锐利，却不方便剔除毛，无法像食肉兽类那样将骨头和不能吃的皮毛抛弃，专吃肉和内脏。所以猫头鹰往往把老鼠等猎物囫囵吞下，而胃又无法将之消化，狭窄的肠道也不能让这些食物残渣通过，于是只好把这些渣滓集结成团，再通过食道和口腔吐出去。一般在进食后8~24小时，猫头鹰就可以把食丸吐出了。

遇到敌人和可能构成竞争的同类，一些种类的猫头鹰会竖起头部和颈部的羽毛，张开双翅，头部前探，制造出"膨胀"起来的效果，给对方造成更加强壮、勇

这只雕鸮在黄昏时分捕到了一只刺猬／河北／徐永春

武的印象，以期恫吓、惊退对方。

在繁殖期，通常雌鸮可产4~7枚卵，由雌性或者雌雄一起参与孵化，孵化期约为1个月。不少种类的鸮也与众多候鸟一样，要在东北与西南地区之间进行每年2次的定向迁飞，只是飞行时间为黑夜。在食物匮乏或者气候条件持续不良的外部环境作用下，一些种类的鸮还会进行一些短距离、不定向的机动迁徙。

本书收录中国境内曾经有过记录的鸮类猛禽共计32种，详细介绍请参阅后文的猛禽分述。

40天大的长尾林鸮宝宝每天都可以吃到由爸爸捕捉回来妈妈亲口喂上的老鼠／吉林／叶航

如何使用本书 /

本书所采用的鸟类分类系统是由国内观鸟人在参考国际鸟类学委员会（International Ornithological Committee）的世界鸟类名录的基础上，对我国鸟类名录进行系统的整理，反映了国内外鸟类学研究的最新成果。

本书条目标明每种鸟的分类地位、学名和中文名。读者可以通过目录查看到具体的鸟种页码，进而查阅到具体鸟种的辨识要点、分布和习性与栖息地；也可以直接通过书中索引条目的中文名、拉丁名来查阅本图鉴。

拼音　常用中文名　学名　英文名

húwùjiù

胡兀鹫
Gypaetus barbatus / Lammergeier
体长 / 100-140厘米　翅展 / 235-275厘米

鸟种信息

鸟种信息

鸟种特征描述

成鸟 / 青海 / 陈久桐

鸟种信息
拍摄地点
拍摄者

分布示意图

辨识要点： 大型猛禽。雌雄同型。翼指5枚。成年身体为黄褐色，飞行中可见极深色覆羽与浅色飞羽与身体形成明显反差。头灰白色，具有黑色的贯眼纹，虹膜浅色。未成鸟全身深色，胸腹及覆羽颜色略浅，反衬出颜色很黑的头与颈部。本种在喉侧有明显的黑色胡须，尾羽呈现楔形，翅形也不若其他鹫类宽大。

重点提示

分布： 在中国主要分布于青藏高原、帕米尔高原和横断山、祁连山、天山等西部山地，偶见于内蒙古中部和华北山地。在国外分布于欧亚大陆南部、中亚和非洲。

习性与栖息地： 栖息于海拔500-4000米的山区，也有高达海拔7000米的目击记录，甚至飞越8844米的喜马拉雅山最高峰。常每天9-10小时翱翔于天空，寻找食物。在非繁殖季节，可与其他兀鹫混群，并有观察其他食尸动物尤其是渡鸦的习惯。胡兀鹫的食物相当特别，主要以裸骨为主，其食管非常有弹性，因此它可以吞下整块巨大的骨头。如果骨头太大，胡兀鹫会叼着它飞至高空然后让骨头自由落地，在岩石上摔成可吞咽的碎块。在食物短缺的时候，它们也吃其他小型哺乳动物以及昆虫。也有观察记录说它主动骚扰羊群和家禽，等待其在逃命时摔倒受伤，或在冬季被冻死后食用。

文字描述

028

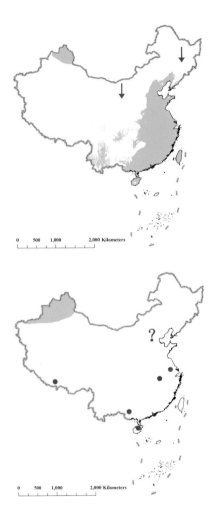

　　绿色块：根据1997年以来观鸟者提供的记录点，由物种分布模型模拟得到，并经过经验修正的物种分布范围。

　　红箭头：该物种于迁徙季节少量过境的趋势。

　　红圆点：该物种近20年以来正式发表过的记录点。这些记录点可能代表了该物种在中国境内仅有的已知分布点或距离传统分布范围十分遥远的分布点。

　　红问号：该物种年代久远的历史分布记录点或至今仍有可能存在的区域。

猛禽身体部位示意图 /

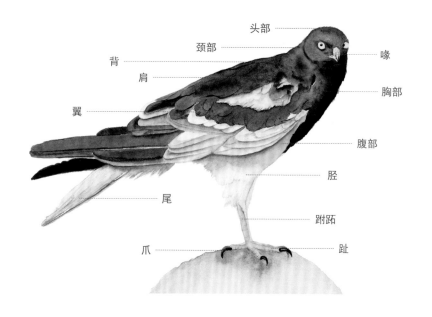

头部
颈部
背
肩
翼
喙
胸部
腹部
胫
尾
跗跖
爪
趾

耳羽簇
眉
虹膜
面盘
喙
须状羽
喉部
胸部
腹部
趾

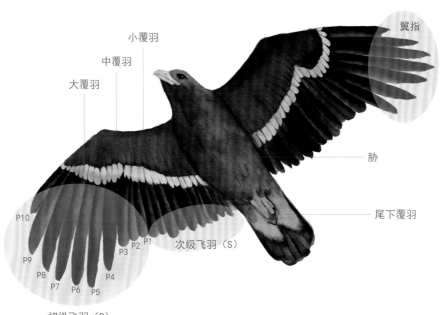

小覆羽

中覆羽

大覆羽

翼指

胁

尾下覆羽

P10

P9

P8

P7   P6   P5

P4

P3   P2   P1

次级飞羽（S）

初级飞羽（P）

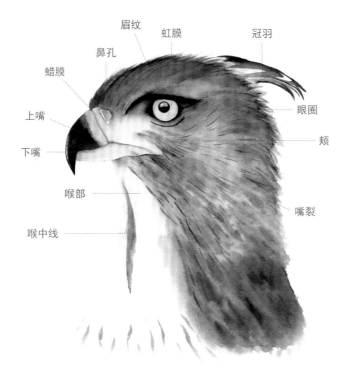

眉纹

虹膜

冠羽

鼻孔

蜡膜

眼圈

上嘴

颊

下嘴

喉部

嘴裂

喉中线

猛禽体形对比图 /

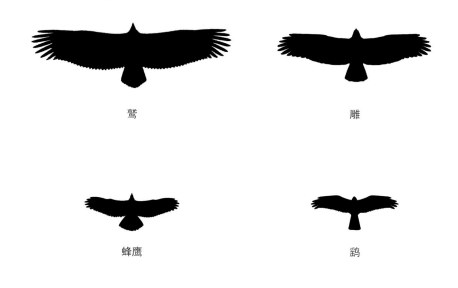

鵟

雕

蜂鹰

鹞

鸺鹠

角鸮

小鸮

仓鸮

耳鸮

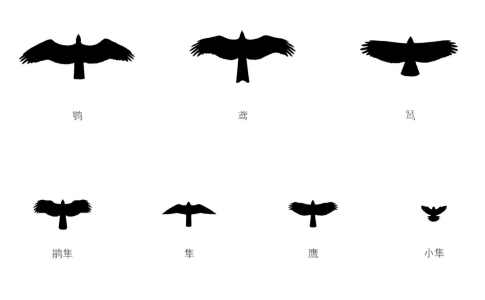

鹗　　　　　　　鸢　　　　　　　鵟

鹃隼　　　　隼　　　　鹰　　　　小隼

林鸮　　　　　　　雪鸮　　　　　　　渔鸮

学名：以拉丁化的字词构成，为通行国际的学术名称。
属：介于科与种之间的分类单位名称。
种：生物分类的基本单位。
亚种：指同一物种因地理隔离产生的不同种群，但不同的亚种间仍可以交配繁殖。
特有种：指局限分布于某一特定区域，而未在其他地方中出现的物种。

留鸟：终年栖息于一个地方，不随季节变换而迁徙的鸟。
冬候鸟：冬季因寒冷觅食困难飞往某一个地区越冬，翌年春天飞往北方繁殖的鸟。
夏候鸟：夏季在某一地区繁殖，秋季飞往较为温暖的南方越冬的鸟。
过境鸟：又称旅鸟。候鸟在迁徙途中，在某一地区歇息停滞，并不越冬也不繁殖的鸟。
迷鸟：因受台风或其他非人为因素影响，意外状况迷失方向来到某一地区的鸟。
漂鸟：鲜见或不定期出现的鸟。
幼鸟：孵出后至羽毛长成之间的鸟。
亚成鸟：不能达到性成熟的年轻鸟，一般指第一次换羽后至成鸟之间的状态。
未成鸟：除成鸟羽色外的其他所有类型，包含幼鸟和不同年份的亚成鸟。
成鸟：具有繁殖能力的鸟。

翅展：该鸟类翅膀完全打开后，两翼端相距的全长。
翅长：该鸟类翅膀完全打开后，单侧翅膀的长度。
被毛：即被羽，指被羽毛覆盖。
凤头：形容拥有突出冠羽的鸟类。
上体：身体的上表面，常包括后脑、背、翅背、尾。
下体：身体的下表面，从喉部至尾下覆羽。
色型：某些物种的不同个体身体可呈现出迥异的颜色，如深色型、淡色型、中间型、棕色型、灰色型等。
楔形尾：中央尾羽外凸即形成中间突出的楔形尾。反之中央尾羽内凹，则形成叉形尾或鱼尾。

繁殖期：配对的两只鸟，筑巢后，产卵、孵卵、照料雏鸟，一直到其能独立生活，此段时间称为繁殖期。
迁徙：指物种在固定的时间段进行有规律的地理迁移。
翱翔：借助气流的升力不必鼓翼即可飞行。
悬停：在逆风状态，悬在空中某个定点搜索地面猎物，通常需要原地振翅，偶尔也可以不做任何动作而暂时稳定在空中。
昼行性：主要在白天活动的习性。
夜行性：主要在夜间活动的习性。
次生林：原始的森林不复存在后重新长出的林子。

隼（sǔn）：隼形目隼科猛禽，多为中小型，翼窄长，翼指不明显。我国有13种。

鹗（è）：鹰形目鹗科猛禽，喜吃鱼的黑白色大鹰。 全球仅有1种，广布世界各地。

鹞（yào）：鹰形目鹰科鹞属猛禽，喜湿地或者干旱草原，翅、尾、腿俱长，我国有6种。

鹫（jiù）：在我国鹫类包括鹰形目鹰科的秃鹫、胡兀鹫以及各种兀鹫共计6种喜食动物尸体的大型猛禽。

鵟（kuáng）：鹰形目鹰科鵟属猛禽，体胖尾短的中型猛禽，我国有6种。

鸮（xiāo）：即猫头鹰，我国有32种。

鸱（chī）鸮科：除草鸮科寥寥数种外，全部的猫头鹰都属此科，我国有29种。

鸺鹠（xiūliú）：头上没有耳羽的一类袖珍猫头鹰，我国有3种。

跗跖（fūzhí）：鸟类靠近趾部（脚）的腿杆，或被羽或生鳞片。为避免理解困难，在本书中亦会简称为腿。

鬓（bìn）斑：亦称髭（zī）纹，特指某些猛禽（尤其是隼）眼下类似"泪痕"的深色带。

雉（zhì）类：包括鸡、鹑（chún）、鹧鸪（zhègū）、鹇（xián）等在内的陆禽，是大型或极凶悍的猛禽可能会选择的猎物。

鸻鹬（héngyù）：中小型的岸边水鸟，是涉禽中种类最多的一类，是各地湿地的重要生态组成，也是多种猛禽会捕食的对象。

鹗

Pandion haliaetus / Western Osprey

体长 / 50-60厘米　翅展 / 147-169厘米

新疆／张国强

辨识要点：中型猛禽。翼指5枚，黑白双色的靓丽猛禽。头白，眼后有黑褐色斑至后颈。身体与翅下覆羽洁白，雌鸟胸前可见比雄鸟更为明显的深褐色块。飞行时翅形极狭长、中间弯折，呈"M"形。尾短，身体偏瘦，停落时可见青灰色裸足。未成鸟似成鸟，但眼为橙黄色，背多具不规则白斑。

分布：分布于中国大部分省份，在东北、西北及华北局部可能为夏候鸟，在南方适宜生境下有越冬个体，旅鸟途经其余大部地区。鹗在国外广泛分布于欧洲、非洲、北美洲、南美洲、大洋洲、亚洲等广大地区。

习性与栖息地：喜生活在水域周边的偏大猛禽，喜食活鱼，足底密布倒刺，在抓鱼瞬间可将"三前一后"的常态足爪型扭转至"两前两后"的对趾以方便抓握湿滑的鱼体。常翱翔于大型湖泊、水库、河流和海岸附近上空。在栖息地选择上，本种并不在意是淡水还是咸水，只要可以提供充足的鱼和没有太多浪即可。成年鹗在迁徙过程中大概每天需要500克鱼肉，每天平均抓两条中型鱼。繁殖期会修建巨大的巢，年复一年地使用。

这只雄鹗捕捉到一条鱼，带到树桩"餐厅"享用／北京／肖怀民

翼指5枚

翅形极狭长

北京／宋晔

北京／宋晔

尾短

北京/张永

又一条大鱼被鹗的利爪牢牢锁定/福建/田三龙

捕鱼时转为"两前两后"的对趾

甘肃/王小炯

捕鱼成功后带鱼回"餐厅"进食/甘肃/王小炯

hēichìyuān

黑翅鸢

Elanus caeruleus / Black-winged Kite

体长 / 31-37厘米　翅展 / 77-92厘米

福建／曲利明

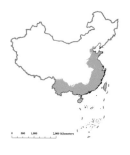

辨识要点：小型猛禽。雌雄同型。翼指颇不明显。本种成年后虹膜为红色，身体呈现靓丽的黑白灰三色。飞翔时翅形呈现三角形，似隼。可观察到初级飞羽与部分次级飞羽皆为黑色，其余部分几乎都为白色。停落时翼尖超过尾尖，未成鸟与成鸟相似，但有较多褐色区域，且虹膜为黄褐色。

分布：在中国华南、华东及西南地区都有分布，但近年来北扩趋势明显，在北京猛禽迁徙监测中已多次现身，在北方东部沿海地区也常有记录。在国外分布于南欧、北非、中亚、印度次大陆、中南半岛、苏门答腊、爪哇到菲律宾。

习性与栖息地：在许多地区，若食物充足，本种终年都可进行繁殖，此现象通常被认为是热带猛禽的特征。常活动于低地及山区的草地、农田等开阔生境，经常振翅在空中悬停寻找猎物，平时多栖落于枯树或电线杆等较为突出的地方。本种停落时尾部常常上下摆动，飞行时善于悬停。

身体白色

雨中这只老鼠命丧成鸟爪下/福建/田三龙

翼指不明显

较少褐色区域

未成鸟/福建/田三龙

húwùjiù
胡兀鹫

Gypaetus barbatus / Lammergeier

体长 / 100-140厘米　翅展 / 235-275厘米

明显的黑色胡须

成鸟／青海／陈久桐

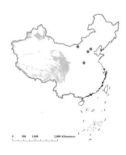

辨识要点：大型猛禽。雌雄同型。翼指5枚。成年身体为黄褐色，飞行中可见极深色覆羽与浅色飞羽与身体形成明显反差。头灰白色，具有黑色的贯眼纹，虹膜浅色。未成鸟全身深色，胸腹及覆羽颜色略浅，反衬出颜色很黑的头与颈部。本种在喙侧有明显的黑色胡须，尾羽呈现楔形，翅形也不若其他鹫类宽大。

分布：在中国主要分布于青藏高原、帕米尔高原和横断山、祁连山、天山等西部山地，偶见于内蒙古中部和华北山地。在国外分布于欧亚大陆南部、中亚和非洲。

习性与栖息地：栖息于海拔500-4000米的山区，也有高达海拔7000米的目击记录，甚至飞越8844米的喜马拉雅山最高峰。常每天9-10小时翱翔于天空，寻找食物。在非繁殖季节，可与其他兀鹫混群，并有观察其他食尸动物尤其是渡鸦的习惯。胡兀鹫的食物相当特别，主要以裸骨为主，其食管非常有弹性，因此它可以吞下整块巨大的骨头。如果骨头太大，胡兀鹫会叼着它飞至高空然后让骨头自由落地，在岩石上摔成可以吞咽的碎块。在食物短缺的时候，它们也吃其他小型哺乳动物以及昆虫。也有观察记录说它主动骚扰羊群和家禽，等待其在逃命时摔倒受伤，或在冬季被冻死后食用。

极深色覆羽

成鸟／西藏／董磊

喜欢吃骨头的胡兀鹫准备开餐／青海／陈久桐

029

楔形尾明显

翼指5枚

长长的楔形尾使胡兀鹫与其他鹫外形迥异/青海/肖克坚

成鸟/四川/刘璐

全身黑色，仅覆羽与胸腹颜色浅

未成鸟／新疆／高云江

未成鸟／四川／张铭

báiwùjiù

白兀鹫

Neophron percnopterus / Egyptian Vulture

体长 / 55-65厘米　翅展 / 155-170厘米

翼指6枚

仅飞羽为黑色

头形和喙显得极细

明显楔形尾

成鸟/尼泊尔/张永

辨识要点： 中型猛禽。雌雄同型。飞行时可见翼指6枚。成年体色以白为主，仅飞羽为黑色，头显黄色。未成鸟通体深色，但头色为灰色或是青色，背后可见白色"U"形带于腰部。本种有明显楔形尾，头形和喙显得极细。停落状态下可见其喙细长带沟，鼻孔亦呈长形，头部羽毛披针状。

分布： 在中国仅记录于新疆西部。在国外分布于南欧、北非、西亚及南亚印度次大陆。

习性与栖息地： 栖息于山地、丘陵和干旱平原地带。常成群活动。食性很杂，可取食尸体、小型脊椎动物、昆虫和哺乳动物粪便。在垃圾场亦可见到其踪迹。有记录本种的指名亚种可用喙衔住石头击碎坚硬的鸟卵取食，此行为在其他亚种中看不到，研究发现此为天生本能而非后天习得。白兀鹫种群在大部分分布区域中正经历严重的衰落。在欧洲及中东大部分地区，其数量20年内已经下降超过一半，引起衰落的原因不明，但推测与使用抗炎止痛药双氯芬酸钠有关，来自西班牙的研究还发现吸收抗生素也会抑制它们的免疫系统，较易造成感染。此外也与铅中毒、杀虫剂和触电有关。

Gyps bengalensis / White-rumped Vulture

体长 / 78-93厘米　翅展 / 192-213厘米

白背兀鹫

未成鸟／云南／林月云

辨识要点： 大型猛禽。雌雄同型。翼指7枚。成年鸟相比其他兀鹫有更加明显的"白围脖"，且在比例上显得更宽大尾更短，翅下覆羽比高山兀鹫更白，翅膀展开可见后背腰部有宽大的白色带。未成鸟色棕且有致密的纵纹，但无白腰。

分布： 在中国仅在云南南部有过记录，但是目前的分布状况未知。亦分布于伊朗高原东部、阿富汗、喜马拉雅山南麓到印度次大陆、中南半岛北部。

习性与栖息地： 相比其他兀鹫，栖息海拔较低，通常高至喜马拉雅山麓1500米，最高也曾有2700米的目击记录。栖息环境接近于村庄和城市，有时也去山区森林。常数只落于乡间乔木的顶端或在天空翱翔，发现有动物尸体的时候数只围而食之。曾为南亚次大陆数量最多的兀鹫，但是取食了服用过止痛剂双氯芬酸钠的家畜尸体而发生次级中毒死亡，过去20年间种群数量急剧下降。目前国际上IUCN受胁等级已为"极危"。

翼指7枚

未成鸟／云南／林月云

成鸟／尼泊尔／张永

Gyps himalayensis / Himalayan Vulture
体长／103-110厘米　翅展／260-289厘米

gāoshānwùjiù
高山兀鹫

常群体活动的高山兀鹫／四川／董磊

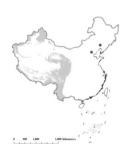

辨识要点： 大型猛禽。雌雄同型。翼指7枚。成鸟身体及翅下覆羽淡褐色且具深褐色纵纹，初级飞羽和尾羽黑色，飞行时显得黑白分明，头部和头侧裸露，具丝状白色羽毛，颈侧具黄色"领羽"。未成鸟身体明显颜色更深更暗，飞羽与覆羽颜色并未明显形成反差。

分布： 在中国分布于青藏高原、帕米尔高原、新疆北部和西北西南山地，冬季也见于云南南部。近年来在河北塞罕坝、辽宁朝阳等地有零星记录，在2016年的北京猛禽迁徙监测中也有过影像记录。在国外分布于中亚和除中国外的环喜马拉雅山区的其他国家。

习性与栖息地： 栖息于海拔2500-4500米的高山、草原及河谷地带。常单只或结成十几只小群翱翔，有时停息在较高的山岩或山坡上。在藏区，本种经常聚集在"天葬台"周围，等候啄食尸体。食性主要以病弱和死亡的野生动物或家畜为食，食物短缺时也会尝试捕捉大型昆虫和鼠兔等动物。

飞羽覆羽黑白分明

翼指7枚

成鸟／青海／宋晔

这只未成鸟准备取食死去的牲畜／云南／杨华

未成鸟/西藏/那兴海

未成鸟/青海/宋晔

青海/谭博

hēiwùjiù

黑兀鹫

Sarcogyps calvus / Red-headed Vulture

体长 / 76-86厘米　翅展 / 199-227厘米

翼指6枚

颈下白围脖

飞羽与覆羽间浅色区

成鸟/尼泊尔/张永

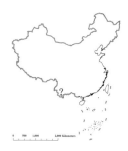

辨识要点：大型猛禽。雌雄同型。翼指6枚。黑色调为主的鹫，身体各部分的颜色与秃鹫有很大差异。成鸟腿后裸露的皮肤为暗橙红色，脚为暗红色或肉色，头部和颈部裸露无羽，露出橘红色的皮肤，颈部的两侧各有一个从头后面的耳部下方悬垂下来的巨大肉垂，呈橘红色。耳部有一圈黑色的刚毛，颊部、眼先和头顶的两边也有少许黑色的刚毛。颈部下方有醒目的"白围脖"，其余羽毛均为黑褐色。飞翔的时候可见黑色的飞羽之间有一道白色的浅色区域，前胸和后胁的白斑和通体的一片黑色也形成鲜明反差。亚成鸟头、颈颜色不若成鸟那般红，身体褐色，遍布纵纹。

分布：罕见于云南西部、南部。在国外分布于印度次大陆及越南、老挝、柬埔寨、泰国、马来西亚等东南亚国家。

习性与栖息地：性情胆大好斗，常单独或成对活动，在地面上取食的时候便聚集成小群，栖息于开阔的低山、丘陵、农田和小块丛林地带，偶尔也进到茂密的森地。食性主要以动物尸体为主，食物短缺时也伺机捕捉其他小动物。自1990年起，这种曾经分布极为广泛、数量极多的鹫以每年惊人的速率减少。黑兀鹫于2007年被IUCN红色名录评核后确认为极危物种。推测与抗炎止痛药双氯芬酸钠在兽医中的广泛使用有关。

橘红色的皮肤 ———○

成鸟／柬埔寨／李锦昌

tūjiù

秃鹫
Aegypius monachus / Cinereous Vulturev
体长 / 100-120厘米　翅展 / 250-300厘米

四川 / 董磊

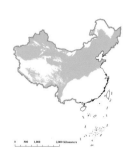

辨识要点： 大型猛禽。超大体形，欧亚大陆最大的陆鸟。雌雄同型。翼指7枚外伸突出。浑身黑褐色，成鸟头部裸露如其名，嘴为浅灰色，蜡膜浅蓝色，颈部羽毛松软。未成鸟全身羽色深，嘴色发黑，蜡膜粉灰色。随年龄增长，嘴色由基部开始向浅色变化，头有较多绒羽亦慢慢脱落。本种颈虽长但喜缩起，飞行时翼形长方、宽大，翅的前缘和后缘近乎平行。尾呈楔形，且头与尾的比例极小，可以此区别雕属猛禽。全身羽毛常呈破烂状态。

分布： 在中国分布于整个北方地区至青藏高原东部、南部，为留鸟或冬候鸟，华东、华南偶尔可见。在国外分布于非洲西北部、欧洲南部、中亚、西伯利亚南部一直到俄罗斯远东地区，冬季见于印度、泰国、缅甸、日本。

习性与栖息地： 有"流浪"的习惯，常单只进行不规律的迁飞，有时甚至游荡至日本、中国台湾这样的岛屿上。起飞较笨拙，有时需要助跑，一旦升空后借助热气流上升则显得十分悠闲，常展翅在空中长时间翱翔。常与高山兀鹫混群，进食尸体时优先于其他鹫类，多取食大型动物尸体，偶尔也捕杀活猎物。目前国际上的IUCN受胁等级为"近危"。

翼指7枚外伸突出

头尾的比例小

秃鹫翅膀打开体形大得惊人／北京／宋晔

四川／董磊

全身羽毛常呈破烂状态

起飞后飞行显得悠闲轻松／北京／宋晔

两只秃鹫正在取食牲畜尸体／新疆／张国强

fēngtóufēngyīng

Pernis ptilorhynchus / Crested Honey-buzzard

体长 / 50-66厘米　翅展 / 121-135厘米

凤头蜂鹰

台湾/洪春风

辨识要点： 中型猛禽。本种飞行时可见翼指6枚。体色极度多样化，可从甚白至甚黑各具不同花纹。成年雄鸟具极粗重的黑色翅后缘与尾后缘，尾部有粗横斑，虹膜色深。成年雌鸟尾具中等宽度横纹或横纹颇显浑浊混乱，虹膜为黄色。未成鸟尾上有细横纹，翼指端黑，虹膜色深。本种飞行时可由其翼指数量、稳定的飞行气质、尖细长的脖颈与较长的尾部快速识别。

分布： 在中国，夏候鸟分布于东北、华中、西南地区以及台湾岛和西北有林地带，留鸟见于西南地区局部，迁徙时经过中国大部分地区。在国外分布于西伯利亚、日本和朝鲜半岛。越冬于印度次大陆、中南半岛、印度尼西亚和菲律宾。

习性与栖息地： 飞行时振翼几次后作长时间滑翔，两翼平伸翱翔。分布海拔非常广泛，从300-2500米皆有观察记录。栖息于各种森林和林缘地带，尤其偏好昆虫和蜂类数量大的林地。喜食蜜蜂及黄蜂，常袭击蜂巢，有时会出现在养蜂场附近，也捕食其他昆虫、两栖爬行动物和小鸟。

粗重的翅后缘与尾后缘

虹膜色深

较长的尾部

中间型雄鸟／北京／宋晔

这只淡色型雌鸟正在袭击蜂巢／台湾／许益源

虹膜色浅

翼指6枚

淡色型雌鸟／北京／宋晔

深色型雌鸟／台湾／洪春风

中间型未成鸟／山东／沈越

深色型未成鸟／北京／宋晔

"凤头"明显

长羽冠亚种*ruficollis*/斯里兰卡/宋晔

不同色型的两只雌鸟站在一起/台湾/吴廖富美

juāntóufēngyīng

鹃头蜂鹰

Pernis apivorus / European Honey Buzzard

体长 / 50-60厘米　翅展 / 118-144厘米

翼指5枚

翅形比凤头蜂鹰更为狭长

雄鸟/新疆/杨庭松

辨识要点： 中型猛禽。本种飞行时可见翼指5枚，有别于凤头蜂鹰的6枚翼指，翅形显得更为狭长。体色类似凤头蜂鹰，呈现极度多样化，可从甚白至甚黑各具不同花纹。本种成年雄鸟具极粗重的黑色翅后缘与尾后缘，虹膜色橙色，可区别凤头蜂鹰的深色虹膜。成年雌鸟黑色翅后缘与尾后缘亦明显，虹膜为黄色。未成鸟尾上有细横纹，虹膜色深，蜡膜明显泛黄，颇独特。本种飞行时可明显观察到其尖细的头颈与较长的尾部。

分布： 在中国有确切记录于新疆伊犁，在新疆喀什、阿尔泰山等地亦有未经证实的记录。在国外分布于欧洲、亚洲西部、俄罗斯斯高加索地区，越冬于撒哈拉南部的非洲。

习性与栖息地： 飞行时翅膀平展，显得飞行气质平稳。栖息于不同海拔高度的阔叶林、针叶林和混交林中，尤以疏林和林缘地带较为常见，有时也到林外村庄、农田和果园等小林内活动，平时常单独活动，冬季也偶尔集成小群。主要以蜂类为食，也吃其他昆虫和昆虫幼虫，偶尔也吃小的蛇类、蜥蜴、蛙、小型哺乳动物、鼠类、鸟、鸟卵和幼鸟等动物性食物。来自意大利的研究表明：本种猛禽在进行跨海迁徙飞行时，不同年龄的个体跨海迁飞的倾向不同。缺乏经验的亚成鸟常常选择高能量消耗、高风险的跨海飞行，而成熟的个体则倾向于选择中途可以停歇的迁徙方式，以回避跨海飞行。

hèguànjuānsǔn

Aviceda jerdoni / Jerdon's Baza

褐冠鹃隼

体长 / 40-49厘米　翅展 / 80-100厘米

翅尖长至尾羽2/3处

未成鸟/泰国/宋迎涛

辨识要点：中型猛禽。雌雄近似。雄性飞行时具有更加明确的黑色翅后缘。翼指6枚。成年胸腹部呈现红褐色或浅红色宽横纹，与覆羽的纹路连接。颈部及附近出现细密的纵纹，黑色喉中线明显可见。未成鸟腹部会呈现竖排列的点状斑或纵纹，胸前亦为纵纹，胁部有横纹。本种尾羽有3根黑色横带，翅形宽大。停落时可见翅尖长至尾羽2/3处，头部具标志性的黑褐色长羽冠，明显可见。

分布：在中国记录于云南、广西、海南岛、重庆、湖北。在国外分布于印度次大陆、中南半岛、印度尼西亚和菲律宾。

习性与栖息地：单独或者成对活动居多，有时也集3-5只的小群。晨昏活跃，性羞涩，常出没于茂密的森林中。飞速缓慢。栖息于山地、丘陵、平原的森林和林缘地带。捕食大型昆虫、两栖爬行动物以及蝙蝠和鼠类，但几乎从不攻击鸟类。

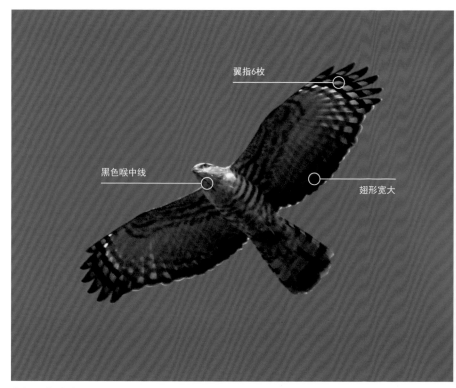

翼指6枚

黑色喉中线

翅形宽大

成鸟／云南／宋晔

黑褐色
长冠羽

成鸟／广西／刘璐

hēiguànjuānsǔn

Aviceda leuphotes / Black Baza

黑冠鹃隼

体长 / 28-34厘米　翅展 / 64-75厘米

福建／田三龙

辨识要点： 小型猛禽。翼指5枚。雌雄同型。头顶具有长而垂直竖立的蓝黑色冠羽，停落状态下极为显著。成年鸟头部、颈部、背部、尾上覆羽和尾羽都呈黑褐色并带金属光泽，翅膀和肩部具有白斑，上胸具有一条白色的领，腹部具有宽的白色和栗色横斑。飞行时可见翅形独特，颇显宽圆。未成鸟似成鸟，背部颜色偏褐且暗淡，喉部或有细纵纹。

分布： 在中国分布于华中、华东、华南和西南地区。在国外分布于印度次大陆、中南半岛和印度尼西亚。

习性与栖息地： 在平原、山区森林、村庄、农田都可见到其踪影。常成对活动，也喜集群。分布较北的种群有比较强的迁徙性，可组成几百只数量的群体迁飞，落单时则可能可与灰脸䲜鹰等其他猛禽混群。飞行时振翅频繁似乌鸦，常常做短距离飞行或在地面捕食昆虫。

翅形宽

翼指5枚

江西/宋晔

一只丽纹攀蜥成了黑冠鹃隼这天的第一餐/河南/叶翔燕

福建/姜克红

shédiāo

Spilornis cheela / Crested Serpent Eagle

体长 / 66-74厘米　翅展 / 150-169厘米

蛇雕

眼和喙之间部分裸露为黄色

身体遍布白点

成鸟/福建/田三龙

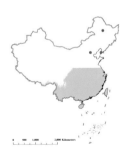

辨识要点：中型猛禽。雌雄同型。翼指7枚。成鸟身体遍布白点，头部的黑白色羽冠平，使得整个头部感觉较大且蓬松，眼和喙之间部分裸露为黄色，非常显眼，飞行时尾部中央和翅膀后缘的白色带具标志性。未成鸟分为浅色型与深色型两款。浅色型体白净，眼后有黑色区。深色型似成鸟，但翅后缘与尾后缘的白带不粗重。两种色型均有眼喙之间的黄色裸皮，虽不若成鸟明显，但仍可见，可做重点观察。本种飞行气质稳定、缓慢，盘旋时双翼常有一定角度的上扬，成"V"形，颇独特。

分布：在中国长江以南地区常见，有时也见于北方地区。近年来已经被几次记录于北京猛禽迁徙监测项目以及大连老铁山等地，呈现出标准迁徙状态，值得留意。在国外分布于印度次大陆、中南半岛、菲律宾和印度尼西亚。

习性与栖息地：成对或者三五成群一起活动比较常见，性格大方，不甚惧人。常在中低海拔的森林或人工林上空翱翔。喜鸣叫，常边飞边响亮鸣叫。喜站在有荫的大树枝上长时间观察地面。其食物为各种蛇以及其他两栖爬行动物。在蛇雕的跗跖上覆盖着坚硬的鳞片，能够抵御蛇的毒牙。

翼指六枚

深色型未成鸟／香港／吴健晖

浅色型未成鸟／云南／刘璐

尾部中央和翅膀后缘的白色带

成鸟/台湾/焦庆利

浅色型未成鸟/海南/张永

制服大蛇不是简单的工作/香港/吴健晖

成鸟正在吃蛇／香港／吴健晖

duǎnzhǐdiāo

短趾雕

Circaetus gallicus / Short-toed Snake Eagle

体长／64-71厘米　翅展／160-190厘米

端部发黑的翼指6枚

成鸟/内蒙古/王昌大

辨识要点：中偏大型猛禽。雌雄同型。具发黑的翼指6枚。成鸟体色靓丽易认，头、胸部为纯褐色，近看或可发现致密的纵纹。翅下及腹部底色白，有褐色点状斑，可连接成细横纹，尾白亦有细横纹。未成鸟色浅，体色发白较多，颈部、胸部有褐色细纵纹，有些个体有全白的喉部。本种虹膜黄色，蜡膜铅灰，尾较长。停落时显头大，其脚爪为铅灰色，明显腿短，翅膀可达尾尖部。

分布：在中国繁殖于新疆的天山，也可能繁殖于西北部的其他地区和东北地区，春秋在北方至西南地区有迁徙记录。在国外分布于西南欧、东欧、西亚、中亚、印度次大陆和非洲中部。

习性与栖息地：短趾雕属在亚洲的唯一成员。常活动于2000米以下中低海拔森林边缘的开阔地带，善于在空中悬停。也会出现于草原、湿地、海岸、荒漠地区。主要以蛇类为食，亦食蜥蜴、蛙类、小型鸟类和鼠类。本种发现蛇后会从天而降，用爪控制住蛇的身体，用喙攻击蛇头，同时不断用翅膀扑击，防止蛇身卷在颈部或翅膀上。制服蛇的过程，亚成鸟由于经验不足会反复尝试，耗时良久，甚至彻底失败，成年雕则通常用时很短。

短趾雕亦是捕蛇大师/新疆/邢睿

停落时显头大

脚爪为铅灰色，明显腿短

翅膀可达尾尖部

未成鸟/内蒙古/颜小勤

成鸟/内蒙古/张建国

fèngtóuyīngdiāo

Nisaetus cirrhatus / Changeable Hawk-Eagle

体长 / 57-79厘米　翅展 / 114-150厘米

凤头鹰雕

显著冠羽

成鸟/斯里兰卡/张永

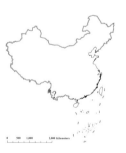

辨识要点：中型猛禽。翼指7枚。雌雄近似。与鹰雕形态类似，但具更为显著之长冠羽，站立时可后倒于脑后亦可向上直立，颇显英武，但在飞行时则多不可见。近距离观察可见跗跖被羽不超过中趾基部，不似鹰雕被羽直达趾尖。本种成鸟胸部底色发白具明显纵纹而不似鹰雕那样具有横斑，翅下覆羽、腹部、尾下覆羽颜色深褐色，有喉中线，尾具有5-6道黑色横带。未成鸟胸腹翅下均皮黄汐白或沾棕，没有明显纵纹，或具不规则且稀疏的棕黄色点斑，无喉中线，尾横带颜色较浅，体色似鹰雕亚成鸟但后者通常更为白净。

分布：在中国偶见于云南西南部，可能见于云南南部。或由于不易与鹰雕区分而被忽视。在国外分布于印度次大陆东北部、斯里兰卡、中南半岛、印度尼西亚和菲律宾等国家和地区。

习性与栖息地：习性似鹰雕，但栖息海拔通常更低。一般生活于山中的常绿阔叶林、落叶阔叶林或次生林中，典型的森林雕类。常可在林缘观察到其飞行和进行各种活动。本种主要以野兔、野鸡和鼠类等为食，也捕捉鸟类、蛇、蛙、蜥蜴和小型哺乳动物。拍摄于南亚的影像资料里，本种有成功捕捉到丛林猫并携至树上食用的经典案例。

翼指7枚

未成鸟/斯里兰卡/宋晔

成鸟/斯里兰卡/宋晔

yīngdiāo

Nisaetus nipalensis / Mountain Hawk-Eagle
体长 / 64-84厘米　翅展 / 134-175厘米

鹰雕

小鹰雕在亲鸟精心照料下，正日渐长大／台湾／蔡伟勋

辨识要点：中型偏大猛禽。翼指7枚。雌雄近似。具长羽冠，翅形十分宽阔，飞行时可见翅下具有平行排列的黑色粗横斑，尾打开呈扇形。成鸟喉白，有喉中线；胸白色，具有黑色的明显细纵纹；下胸、腹部、腿部有深色粗横纹，尾具有5-6道黑色横带。亚成鸟的体色可能随着年龄增长有多种变化，初时呈现淡黄和米黄色，无斑纹，无喉中线，尾羽横带亦不显著，随着年纪增长，体色逐渐变深，斑纹也日趋浓重。

分布：分布于中国西南、华东、华南、海南岛和台湾岛。近年来种群扩散到华中和秦岭地区。在国外分布于印度次大陆、斯里兰卡、中南半岛和印度尼西亚、日本等国家和地区。

习性与栖息地：栖息于300-2500米的山地森林中，可能更青睐海拔1000米以上的森林，但也会出现在低山丘陵和山脚平原地区的森林及林缘地带，尤其是冬季。性慵懒不甚爱飞，可长时间停栖在枯死的高大乔木树干之上。飞行姿态平稳，振翅缓慢，偶尔可见数只鹰雕共同盘飞。主要以野兔、松鼠、雉类、鸠鸽、啮齿动物等为食，也捕食小鸟、大型昆虫、蜥蜴等，也有捕食蛇类和鱼类的记录。

翅形宽阔

鹰雕虽体形不甚大，但具大型猛禽气势/云南/刘璐

翼指7枚

成鸟/云南/张明

未成鸟/陕西/王昌大

成鸟/四川/董磊

Lophotriorchis kienerii / Rufous-bellied Hawk-Eagle

棕腹隼雕

体长 / 46-61厘米　翅展 / 105-140厘米

携带猎物飞行的成鸟／云南／刘璐

辨识要点： 中型猛禽。翼指6枚。雌雄同型。翅膀显得狭长，初级飞羽最外几枚基部颜色发浅。成鸟上体、头部为黑色，具黑色羽冠，喉部和胸部白色，腹部和翅下棕红色，具有黑色纵纹。未成鸟胸腹翅下均洁白，极为醒目，年纪增长至第2、3年，幼鸟腹部逐渐开始转为棕红色，一些深色纵纹亦开始显现。

分布： 分布于中国云南极西南部和海南岛，迷鸟曾见于甘肃，可能见于藏南。在国外分布于印度次大陆、斯里兰卡、中南半岛、印度尼西亚和菲律宾。

习性与栖息地： 栖息于中、低海拔的山地森林和林缘地带，营巢于密林中高大乔木的顶部枝杈上。多单独活动，不善鸣叫。常翱翔于天空，飞翔时两翅振翼频繁，发现猎物后则突然俯冲而下捕捉，也常常长时间停落在树枝上，或站在草丛里伏击猎物，觅食方式主要通过埋伏在树丛或草丛中，等待动物到来时才突然扑击，有时也能见到其在地上奔跑追捕猎物。主要以雉类、鸠鸽、鼠类等动物为食。

báifùsǔndiāo

白腹隼雕

Aquila fasciata / Bonelli's Eagle

体长 / 70-73厘米　翅展 / 142-175厘米

未成鸟/江西/李彬斌

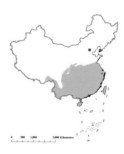

辨识要点：中型偏大猛禽。具尖端发黑的翼指6枚，雌雄同型。本种翅膀显得狭长，初级飞羽最外几枚基部颜色发浅。成鸟上体深褐色，背部有一块白斑，胸腹洁白，具有黑色细纵纹，翅下覆羽发黑，有粗重的翅后缘及尾后缘。未成鸟全身纯棕褐色，不具粗重的翅后缘及尾后缘，易与深色型凤头蜂鹰亚成鸟混淆，但喙明显更为粗厚且腿部覆毛，本种幼鸟随着年纪增长体色逐渐变浅并出现深色纵纹。

分布：在中国传统分布于华东、华中、华南、西南地区适宜生境，也有零星记录出现在华北，近年来亦有在辽宁大连的目击记录，可多关注本种在北方地区的活动。在国外分布于非洲、欧洲东南部、中亚、土耳其、印度次大陆和印度尼西亚。

习性与栖息地：栖息于中、低海拔的山地森林、丘陵、河谷地带等水源丰富的地方，寒冷季节亦会出现在开阔的平原地区甚至半荒漠地区，飞翔时速度很快，偶尔发出尖锐的叫声，比起在高空盘旋，似乎更常在低空鼓翼飞行。主要以鼠类、水鸟、雉类、鸠鸽和其他中小型鸟类为食，也吃野兔、爬行类和大型昆虫。白腹隼雕的食物会根据当地猎物的情况产生变化，来自西班牙、法国和意大利的一项研究分析数据表明，在5-7月，兔类占到食物比例的50%以上，而在剩余的9个月中，80%的猎物却是山鹑等鸟类。

翼指6枚

背部有白斑

成鸟／福建／钱斌

成鸟／福建／钱斌

未成鸟/杭州/钱斌

未成鸟/江西/李彬斌

未成鸟在湖面捕捉秋沙鸭/江西/李彬斌

Hieraaetus pennatus / Booted Eagle
体长 / 45-54厘米　翅展 / 113-138厘米

靴隼雕

深色型捕食／甘肃／王小炯

辨识要点： 中型猛禽。为我国雕类猛禽中体形最为娇小的一种。翼指为6枚。雌雄同型。可见有深色淡色两个色型，尾较其他雕显得更长，尾两侧端部转角尖锐。飞行时可见其标志性的肩羽，两块显著的白色斑块似"车灯"，于迎面飞来时最容易观察到，比同样可能具有此特征的凤头蜂鹰、白腹鹞等猛禽更为显著。翅下紧接翼指的3枚初级飞羽颜色较为浅淡。本种深色型为黄褐色至深褐色身体，翅下覆羽色深，飞羽略浅。浅色型翅下覆羽白，头为淡褐色，上胸部有褐色纵纹，飞羽发黑。

分布： 在中国繁殖于新疆、东北。迁徙季节见于北方至西南，华南沿海大部分。在国外分布于欧洲南部、非洲北部、亚洲中部、印度次大陆、斯里兰卡和中南半岛。

习性与栖息地： 栖息于山地森林和林缘地带，也见于半荒漠地带，有时也接近人类村庄和农田耕地附近。多单独活动。有时在茂密的林地中快速飞行捕捉猎物，有时自高空俯冲而下捕捉地面猎物，多以两栖爬行动物、小型哺乳动物和中小型鸟类为食，但亦常常攻击鸭类、雉类、兔等偏大型猎物，还会主动袭击其他鸟类（特别是鹭类）的巢，赶走亲鸟，吃掉幼鸟。本种虽不甚喜吃昆虫，但在食物匮乏的时候，昆虫占食物总量的比例可激增到20%以上。

醒目"车灯"

深色型／甘肃／王小炯

浅色型／新疆／王尧天

翼指6枚

浅色型／新疆／刘哲青

深色型／北京／宋晔

在树上交配的一对靴隼雕／新疆／王尧天

湿地是其青睐的狩猎场所之一，深色型捕食/甘肃/王小炯

línchāo

林雕

Ictinaetus malaiensis / Black Eagle
体长 / 66-76厘米　翅展 / 148-182厘米

成鸟 / 台湾 / 林月云

辨识要点： 中型偏大猛禽。具有较长的翼指7枚。雌雄同型。飞行时可见翅形极宽而长，翅基较窄，翼端较宽，甚独特。尾羽上有数条淡色横斑，成鸟和未成鸟体色均为黑褐色，与乌雕接近，但成鸟飞羽和尾羽的白色条纹不如乌成鸟明显。

分布： 在中国广布于长江以南的适宜生境，包括海南岛和台湾岛。在国外分布于印度次大陆、斯里兰卡、中南半岛、印度尼西亚和菲律宾。

习性与栖息地： 栖息于2600米以下中、低海拔的山地森林和林缘地带，常成对活动。偏好原始森林，但亦能适应林相不错的次生林和被人类开发切割的破碎林地。常沿着林缘飞行巡猎，但从不远离森林，是一种完全以森林为栖息环境的猛禽。飞行技巧高超，较大的身体能轻松穿越枝叶茂密的大树间隙，令人惊叹。常在空中盘旋，有时可见到其波浪状的特技飞行，可持续数十次，颇为壮观。常静静地站在高大树上观察环境，当有猎物出现时，突然冲下扑向猎物。主要以鼠类、蛇类、雉类、鸠鸽类、蛙、蜥蜴、中小型林鸟、鸟卵以及大的昆虫等动物性食物为食。

翼指7枚

翼端宽大

wūdiāo

乌雕

Clanga clanga / Greater Spotted Eagle

体长 / 59-71厘米　翅展 / 157-179厘米

雕属猛禽中乌雕体形较为纤弱/内蒙古/徐松平、崔永利

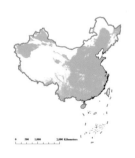

辨识要点：中偏大型猛禽。雌雄同型。翼指7枚。雕属猛禽中体形偏小的一种。成鸟全身浓褐近黑，翼下初级飞羽基部有不甚明显的月牙形淡色区域。未成鸟身体有不规则的小块淡斑，背部及翼上有两条由白斑点组成的白色带及一些不规律的白斑，相当独特。本种有洁白的尾上覆羽即"白腰"，在停落状态下容易观察到。

分布：在中国繁殖于东北和西北，迁徙时经过中国大部地区，在西南、华南等地区有少量越冬个体。在国外分布于西伯利亚、俄罗斯远东地区和蒙古，越冬于印度次大陆、中南半岛、阿拉伯半岛和非洲撒哈拉沙漠以东地区。

习性与栖息地：栖息于低山丘陵和开阔平原地区的森林中，也出现在水域附近的平原草地和林缘地带。迁徙时栖于开阔旷野地带，为亚洲东部地区迁徙线路上目击概率最高的雕属猛禽之一。本种常长时间地站立于树梢上，有时在林缘和森林上空盘旋。主要以野兔、鼠类、野鸭、蛙、蜥蜴、鱼类和鸟类等动物为食，偶尔也吃动物尸体和大的昆虫。一项来自俄罗斯的研究分析了357个猎物的组成比例：接近六成为哺乳动物，三成是鸟，一成是两栖爬行动物与腐肉。还会主动掠夺其他鸟类的巢，如苍鹭、白鹭、红嘴鸥等，在幼鸟成熟前杀死它们。

翼指7枚

月牙形淡色区

成鸟/辽宁/王文桐

白腰

白色带

未成鸟/香港/邓嗣光

báijiāndiāo

白肩雕

Aquila heliaca / Eastern Imperial Eagle

体长 / 73-84厘米　翅展 / 176-216厘米

未成鸟/新疆/张国强

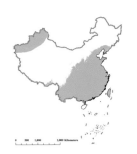

辨识要点： 大型猛禽。雌雄同型。翼指7枚。成鸟全身深褐色，头后颈部有大片的浅色羽毛泛黄，可为其标志性的特征。背面左右肩羽处有白色斑块，但通常不易观察到。翼下色暗，尾比乌雕略长，伴有暗色横纹，尾下覆羽色黄。未成鸟为浅褐色，胸、腹及翅下覆羽密布纵纹，接近翼指的枚初级飞羽色浅，形成明显的标志性白色区块。随着年纪的增长会逐渐出现一个纵纹消退后黑黄相间的斑驳身体，此为过渡状态的亚成鸟羽色。

分布： 在中国仅新疆有繁殖记录，迁徙时经过东北、华北、西北等地区，在长江中下游湿地、华南地区、西南地区和台湾岛越冬，在香港米埔自然保护区有稳定的越冬种群。在国外分布于欧洲东南部经西伯利亚至贝加尔湖地区，越冬于印度次大陆和非洲东北部地区。

习性与栖息地： 栖息于海拔1400米以下的山地森林和林缘地带，尤其喜欢混交林和阔叶林，也极为适应湿地。冬季更常到平原、湖泊附近觅食。通常营巢于森林中高大的树上，也会选择旷野地带孤立的树上做巢。多单独或者成对活动。觅食方式除站在岩石上、树上或地上等待猎物出现时突袭外，也常在低空和高空飞翔巡猎。主要以啮齿类、野兔、雉类、鸭类等鸟类和哺乳动物为食。在某些地区，白肩雕青睐的食物则是青蛙和乌龟。本种亦有不少攻击鹤、雁等大型猎物的目击记录。

翼指7枚

颈后浅色羽毛

成鸟/新疆/邢睿

3枚初级飞羽色浅

密布纵纹

幼鸟抓鸽子/福建/钱斌

未成鸟的特殊羽色／新疆／邢睿

守在巢边，前雄后雌／新疆／张国强

jīndiāo

Aquila chrysaetos / Golden Eagle

金雕

体长 / 78-105厘米　翅展 / 180-234厘米

颈后金色羽毛

成鸟／新疆／张国强

辨识要点：大型猛禽。雌雄同型。翼指7枚。极为强健的巨大褐色雕，头后、颈部可见大片浅色羽毛泛金黄色。成鸟翅下飞羽色较覆羽浅，尾较多数雕为长。未成鸟翅下飞羽可见两块显著的大白斑，尾部亦有大片洁白，伴以黑色外缘，极具标志性。随年龄增长，白色逐渐缩减。

分布：见于中国大部分适宜生境，冬季偶见于华东和华南地区。在国外分布于欧亚大陆、北非和北美洲。

习性与栖息地：主要栖息于海拔4000米以下的高山森林、山区地带，冬季游荡到浅山及丘陵地带。通常单独或成对活动，有时会结成小群。营巢于高处，如高大树木的顶部、悬崖峭壁背风的凸岩上。一些个体尤其是未成鸟冬季有南迁的行为。或为北半球攻击力最强悍的猛禽，久负盛名，强大的狩猎能力使之自古便成为鹰猎活动的至尊鹰种，不断被人捕捉贩卖。自然界中，本种主要以中至大型哺乳动物和大型鸟类为食，猎物清单通常包括雁鸭类、雉类、松鼠、狍子、鹿、山羊、岩羊、狐狸、旱獭、野兔等。蒙古地区对金雕食性的研究显示包括大鸨、蓑羽鹤、波斑鸨、雕鸮、艾鼬、兔狲、黄羊在内的动物都是金雕的食物。加拿大金雕的捕食记录中出现过2只短尾猫和8只家猫。经过训练的金雕可以完成对狼的击杀任务。来自挪威的经典案例中，野生金雕甚至捕捉并吃掉了一只年幼的棕熊。

3块醒目白斑

未成鸟／北京／赵超

翼指7枚

成鸟／新疆／邢睿

金雕喝水／新疆／张国强

未成鸟／新疆／张国强

木成鸟／北京／叶翔燕

准备食用死羊的金雕被几只乌鸦驱赶／北京／颜小勤

成鸟金雕抓住红嘴蓝鹊与未成鸟共飞／北京／孙少海

cǎoyuándiāo

Aquila nipalensis / Steppe Eagle

体长 / 70-82厘米　翅展 / 165-214厘米

草原雕

未成鸟/新疆/张国强

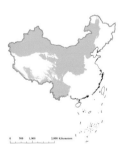

辨识要点：大型猛禽。雌雄同型。翼指为7枚。成鸟全身深褐色。翅下覆羽色深，飞羽略浅可见其上密布黑色横纹。未成鸟体色为浅褐色或褐色，翅下可见显著的白色宽带分割了飞羽与覆羽，随年龄增长，此带慢慢缩减。近距离观察，本种嘴裂长度可达眼睛中后部，明显较其他雕为深，可为辨识的重要依据。

分布：在中国东北西部、华北北部、西北等地的草原地带繁殖，迁徙时经过华北、华中、西南地区，少量个体在青藏高原东、南缘越冬。在国外繁殖分布区自欧洲东南部开始至西伯利亚，在北非、印度次大陆和缅甸越冬。

习性与栖息地：喜生活于宽阔平原、草地、荒漠和低山丘陵地带。营巢于悬崖上、山顶岩石堆中、小山坡、小土堆等场所。常数只翱翔于天空或静立于电线、岩石和地面上。主要以小型哺乳动物和鸟类为食，亦喜食腐肉，在一些地区，本种常在垃圾场周边活动。以野兔、鼠兔、黄鼠、跳鼠、田鼠、旱獭、沙蜥、蛇和鸟类等小型脊椎动物为食，甚至还会捕食貂类、鼬类等小型食肉目动物。在内蒙古，也有几只草原雕一起吃掉牧民羊的报告。

翼指7枚

分割飞羽覆羽的白带

未成鸟/内蒙古/张永

飞羽密布黑色条纹

成鸟/内蒙古/肖怀民

嘴裂长度可达眼的正后缘

成鸟/内蒙古/徐永春

体形"娇小"的乌雕（左）与较之明显粗壮的草原雕（右）并肩站立/内蒙古/徐松平、崔永利

fèngtóuyīng

凤头鹰

Accipiter trivirgatus / Crested Goshawk

体长 / 41-49厘米　翅展 / 54-90厘米

松鼠类的哺乳动物是本种大爱/福建/田三龙

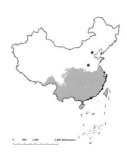

辨识要点： 中型猛禽。体形中等但强健，雌鸟明显大于雄鸟。本种飞行时可见翼指6枚。羽色雌雄近似。成年鸟背深褐色或灰褐色，腹部白色，头部至后颈鼠灰色，具褐色短冠羽，喉部白色，但有粗重喉中线。胸部纵纹腹部横纹，尾下覆羽洁白发达，飞行时可见到其"蓬松"突出于体侧，成年雄鸟更加明显。未成鸟背褐较浅，腹部为米黄色，身体纵纹或密布纵向排列点状斑点，尾下覆羽并不如成年显著，似松雀鹰，但体形明显壮硕，停落时可观察到头形不如松雀鹰圆润，嘴、腿却更为强壮，中趾不似松雀鹰长。此外凤头鹰无论成幼，在飞行时均有极突出的圆弧形翅后缘，借此可与近似种区别。

分布： 在中国传统分布于西南、华南、海南岛和台湾岛，在北京猛禽迁徙监测中该种已经连续被多次记录，呈现出标准的迁徙状态，其他证据也显示近年种群有向华东及更北部地区扩张的趋势，值得留意。在国外分布于印度次大陆、斯里兰卡、中南半岛、印度尼西亚和菲律宾。

习性与栖息地： 栖息于中、低海拔的山地森林和林缘地带，有时也到平原和乡村附近上空飞翔。也出现在竹林地带，在南方许多城区公园亦可见到，性不甚惧人，也不喜理会其他猛禽。多单独活动，春秋可见多只同飞，应为求偶与携子同飞。喜爱长时间翱翔于天空，飞行时双翅常下压抖动，可视为其标志性的飞行特征。食性上主要以突袭松鼠等小型哺乳动物、鸟类、两栖爬行动物为主。

胸部纵纹腹部横纹

腿较粗壮

成鸟/福建/郑建平

翼指6枚

突出的圆弧形翅后缘

洁白蓬松的尾下覆羽

未成鸟／云南／李锦昌

粗重喉中线

成鸟／云南／宋晔

hèěryīng

Accipiter badius / Shikra
体长／31-44厘米　翅展／48-68厘米

褐耳鹰

雌成鸟／新疆／孙晓明

辨识要点： 小型猛禽。雌鸟明显大于雄鸟。本种飞行时可见翼指5枚。羽色雌雄较为近似。雄鸟虹膜色深，背色为鼠灰色，喉部具有灰色喉中线，胸腹密布浅红色横纹，下腹发白，飞行时可见翼指发黑。雌鸟似雄鸟，但虹膜色为浅黄，翼指不黑而有横斑，胸腹部褐色横纹较浓重。未成鸟虹膜色浅，胸部纵纹，胁部横纹，腹部点状斑，似松雀鹰的亚成鸟，但喉中线不及后者粗重，且与后者相比尾羽横纹较窄。停落状态下本种可观察到腿细且长，翅尖到达尾羽1/3处。

分布： 在中国分布于新疆西部、云南、贵州、广西、广东、海南岛、福建。在国外分布于非洲、欧洲东南部、西亚、印度次大陆、斯里兰卡及中南半岛等国家和地区。

习性与栖息地： 适应力强，栖息于山地、丘陵、草原、干旱平原和湖泊附近，常单独于林缘及空旷地带轻轻鼓动两翼盘旋。一旦在空中发现林间和地面猎物，马上俯冲卜来捕，但很少追捕飞行中的林鸟，主要以小鸟、蛙、蜥蜴、鼠类和大的昆虫等动物性食物为食。通常用利爪抓住猎物再度起飞，到僻静处慢慢撕食。

发黑的翼指5枚

雄成鸟／東埔寨／宋晔

未成鸟／海南／焦庆利

翅尖到达尾羽1/3处

雌成鸟／新疆／黄亚慧

chìfùyīng

Accipiter soloensis / Chinese Sparrowhawk

体长 / 26-36厘米　翅展 / 52-62厘米

赤腹鹰

雄鸟/福建/张永

辨识要点：小型猛禽。体形甚小的鹰，仅比日本松雀鹰稍大，雌鸟明显大于雄鸟。本种飞行时可见翼指仅4枚，且无论雌雄成幼翼指皆为黑色，可凭借翼指颜色、数量与同类猛禽快速区分。羽色雌雄近似。雄鸟虹膜色深，羽色与日本松雀鹰雄鸟相似，但翼指截然不同。成年雄性头、背青灰色，无明显喉中线，胸腹多整体呈橙色，有些个体颜色较浅发白，眼为红黑色。雌性成鸟似雄鸟，但拥有黄色清亮的虹膜。未成鸟背褐色可见些许白斑，有粗重的喉中线，胸部有褐色粗纵纹，腹部有由心形斑组成的粗横纹。本种自远处即可见橘色隆起的蜡膜，颇为独特。飞行状态下可见翅形较其他鹰属猛禽更为狭窄，翅后缘平直，尾较短，翅下覆羽纯色无纹亦为特殊。

分布：在中国南方广泛分布，多为夏候鸟，北方也有少量夏候鸟，在华南、海南岛有越冬或为留鸟。在国外繁殖于朝鲜半岛，越冬于菲律宾、马来西亚、印度尼西亚至新几内亚，在印度次大陆也有记录。

习性与栖息地：常栖息于较开阔的林区、山地、森林、农田、村庄等。春秋可做单只飞徙亦可形成小群乃至大群。在台湾岛，2004年秋季不到两个月时间里，曾被记录到22万只过境垦丁，创下纪录。本种掠食性较弱，多食青蛙、蜥蜴、昆虫等，偶尔也吃小型鸟类和鼠类。

翼指仅4枚

翅后缘平直

覆羽白净无斑

未成鸟/台湾/洪春风

翼指发黑

雌鸟/浙江/金炎平

左雄右雌/浙江/薄顺奇

橘色隆起的蜡膜

雌鸟/福建/田三龙

雄鸟/福建/白义胜

ribǎnsōngquèyīng

日本松雀鹰

Accipiter gularis / Japanese Sparrowhawk

体长 / 25-34厘米　翅展 / 46-58厘米

眼部占头部比例较大

未成鸟/北京/老顽童

辨识要点： 小型猛禽。为国内全体鹰科猛禽中体形最娇小的一个种类。本种飞行时可见翼指5枚，羽色雌雄幼均不同。成年雄性头部与背色发灰，眼与亚成鸟及雌鸟的黄色虹膜不同呈现深红色或深橘色，胸腹可见大片红褐色淡色块，其中隐约可见模糊的横纹，喉白、有不明显的喉中线。成年雌鸟背褐色，胸腹由清晰横纹组成，似雀鹰，但隐约有喉中线。未成鸟喉白，有明显的细喉中线，胸部纵纹，腹部点状斑，胁部横纹，似松雀鹰，但翅后缘更平直，喉中线也更弱，翼指亦常常看来比较细。由于体形较小的原因，本种眼部占头部比例相对别的鹰种较大。飞行时有些个体的中央尾羽会出现内凹。停落状态下，可见本种嘴腿均细弱，脚杆长，中趾特长，翼尖长达尾羽1/2处，不似松雀鹰长至1/3处。

分布： 在中国东北和华北北部繁殖，迁徙季节经华北、华东，在南方为冬候鸟。在国外见于俄罗斯东北部，西至勒拿河流域，日本列岛和朝鲜半岛，越冬于东南亚和菲律宾。

习性与栖息地： 本种飞行气质独特，振翅急促有力似鸠鸽，借此可与雀鹰等同属猛禽区分。有时飞行时还伴随尖锐的鸣叫。常在空中挑衅其他猛禽。通常单独活动于山区森林中，迁徙时经过平原地区，偶尔可观察其形成两三只的小群，城市园林中有时也可观察到该种活动。飞行迅速，捕食技巧突出，常在密林中捕食如山雀、莺类等林鸟，亦捕捉其他小型鸟类及蜥蜴、鼠类等。

翼指5枚

雌鸟/北京/宋晔

亚成鸟具细喉中线

未成鸟/山东/宋晔

雄鸟/北京/韩冬

成年雄性胸腹红褐色淡色块

雄鸟/山东/宋晔

sōngquèyīng

松雀鹰
Accipiter virgatus / Besra

体长 / 28-38厘米　翅展 / 50-70厘米

胸前纵纹腹部横纹

成鸟/台湾/林月云

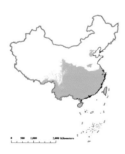

辨识要点：小型猛禽。雄鸟明显体形较小。本种飞行时可见翼指5枚。羽色雌雄近似，但雄鸟脸灰，雌鸟脸褐。本种体形大于日本松雀鹰而体色、形态与日本松雀鹰高度相似，但本种喉中线要明显粗于后者，身上横斑更粗重，且翼指看似更粗，翅后缘突出弧度也更明显。成鸟胸部中央有褐色纵纹，胸部两侧由年轻时的纵纹慢慢转为横纹或是连接起来的色块，似凤头鹰；未成鸟胸为纵纹，腹部亦有纵向排列的斑点，胁部有横斑，与凤头鹰亚成鸟体色亦近似；但本种身躯较纤弱，没有蓬松的尾下覆羽，飞行时翅后缘不及凤头鹰突出。停落状态可见本种短嘴细长腿杆、中趾特长均可区别于凤头鹰，翼尖仅达尾羽1/3处，不似日本松雀鹰长至1/2处。

分布：中国分布于的西南、华南、台湾岛和华中，在北方近年来也出现多笔记录，北京猛禽迁徙监测中记录到的个体呈现出标准的迁徙状态，值得留意。国外分布于印度次大陆、印度尼西亚和菲律宾群岛。

习性与栖息地：分布于茂密的针叶林、常绿阔叶林中及林缘开阔地，冬季也到山地丘陵和竹园活动。习性隐秘，性情机警，胆小惧人，不易观察。一旦飞到空中，又转为勇武好战，喜挑衅驱逐别的鸟类以及猛禽。繁殖期可见多只同飞。其叫声颇具标志性，为尖细的一系列啾声，第一声较长，随后是短促的连续音。喜捕食小雀，也有攻击鸠鸽类的记录，此外还常捕捉蜥蜴、鼠类、昆虫等。

翼指5枚

腹部纵纹

未成鸟／云南／沈越

明显的粗喉中线

中趾特长

未成鸟／泰国／冯利萍

quèyīng

雀鹰

Accipiter nisus / Eurasian Sparrowhawk
体长 / 32-40厘米　翅展 / 60-79厘米

喉部密布细碎纵纹

横纹混乱

未成鸟/北京/沈越

辨识要点： 体形中等偏小，雌鸟明显体形偏大。本种飞行时可见翼指6枚。由淡红色或褐色细横纹密布于白色胸腹部似苍鹰，但体形更小，显"脖短"，尾巴显得更长。本种雌鸟背色发褐，雄鸟可由青灰的背色与泛红的"脸颊"区别，未成鸟胸前纹路略为混乱，亦可能存在些许纵纹，许多个体白眉纹较成鸟明显。停落状态下可观察到本种喉部密布细碎纵纹，腿细、中趾长。

分布： 在东北、华北北部及西南部分地区繁殖，中国大部分地区都有越冬记录。在国外分布于欧亚大陆，并延伸至非洲大陆的西北部，越冬在地中海、西亚、南亚和东南亚等地。

习性与栖息地： 常见的森林鹰类，小型鸟捕食专家。喜活动于林缘及开阔林地，自然繁殖地在有混合松柏森林，极少有巢在阔叶林树上。现在越来越多的巢设置在靠近城镇的地方。冬天，它们通常会选择更加开阔的农村而离开树林，且经常能在公园中见到其捕食鸣禽，捕食过程通常较为激烈。雀鹰飞行迅速，通常快速鼓翼飞一阵后接着又滑翔一会儿。迁徙期通常不与其他猛禽混群，但可见本种两只结伴飞行。食性以雀形目小鸟、昆虫和鼠类为主，也有捕食鸠鸽和三趾鹑等稍大鸟类的记录，有时亦捕食松鼠和蛇。

雄鸟／新疆／张国强

背色发褐

雌鸟／山东／宋晔

翼指6枚

成鸟似苍鹰，但尾显得更长／山东／宋晔

胸前纹路杂乱

未成鸟/辽宁/焦庆利

一只角百灵命丧雄雀鹰爪下/甘肃/王小炯

cāngyīng

Accipiter gentilis / Northern Goshawk

体长 / 49-60厘米　翅展 / 95-122厘米

苍鹰

清晰的白眉纹

腿粗壮

成鸟／新疆／赵军

辨识要点：中型猛禽。体形较大而强健，雌鸟明显大于雄鸟。本种飞行时可见翼指6枚。羽色雌雄近似。成年个体羽色似雀鹰，但头显小体壮尾短，翼尖较雀鹰显尖细，胸腹底色也更加洁白，可见大量极细的深色横纹密布，背和头顶颜色深，远观似戴一"头盔"，许多个体可观察到清晰的白眉纹和中央略突出的楔状尾形。苍鹰翅形不似凤头鹰般短圆，也没有明显喉中线和雪白蓬松的尾下覆羽。未成鸟的背褐色分布有不规则的白斑，胸腹底色暗黄，布有深褐色纵纹，一些个体隐约可见喉中线。停落状态下可观察到细碎纵纹密布于喉部似雀鹰，但体格、嘴形与腿杆均明显比雀鹰粗壮。

分布：夏候鸟见于东北新疆有林地带，也可能见于横断山，迁徙时经过东部地区，在南方越冬。在世界范围内，其自然分布跨越北美、欧亚，遍及北半球温带地区，数量不多。

习性与栖息地：活动于林地，飞行迅速，捕食中小型鸟类和小型兽类。在中国，自古便作为鹰猎活动的明星猎手为人所知。苍鹰的狩猎气质集灵活与凶悍于一身，攻击极富暴发力，既可以捕捉密林中的小雀小鼠，还能"以小搏大"击杀旷野中体重超过自身甚多的野兔松鸡，甚至还时常主动袭击其他猛禽，尤以攻击猫头鹰的记录为多。苍鹰捕猎范围广，可达5-64平方千米。在食物充沛的繁殖期前后，捕猎范围会缩小，而冬天捕猎范围则会大幅扩大。

翼指6枚

体色黄，密布纵纹

未成鸟／北京／宋晔

密布细横纹，体色白

成鸟／北京／万绍平

繁殖于西伯利亚东北部的个体有白色型或体染白色／甘肃／王小炯

繁殖于西伯利亚东北部的个体有白色型或体染白色／甘肃／王小炯

成鸟成功猎食／甘肃／王小炯

未成鸟成功猎食／新疆／陈丽

Circus aeruginosus / Western Marsh Harrier

体长 / 43-55厘米　翅展 / 114-140厘米

báitóuyào

白头鹞

白色"头盔"

胸前浅色带不明显
或完全缺失

未成鸟／新疆／许传辉

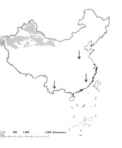

辨识要点：中型猛禽。翼指5枚。雄鸟虹膜、身体褐色，头部棕色略有发灰，有深色条纹。翅膀呈银灰色，覆羽褐色，翼指附近黑色，组成独特图案，飞行时于背面最为易辨。腹面视其飞行可见有浅色的头、颈、上胸及棕色的下胸、腹部。尾灰色无纹。雌鸟虹膜黄色，羽毛为深褐色，胸部有浅色环带，头色亦浅，仅眼后棕色。飞行时可见雌鸟后背覆羽靠近前端的部分形成白色带。未成鸟似成鸟，但虹膜色深，体色更深，头部颜色对比较雌鸟更加明确，胸前浅色带不明显或完全缺失。

分布：夏候鸟分布于新疆及周边省区，其他省份有零星过境记录，越冬个体定期出现于云南。在国外分布于亚欧大陆的西北部，越冬于非洲、印度次大陆和缅甸。

习性与栖息地：通常栖息于低海拔的河流、湖泊、沼泽、芦苇塘等开阔水域及原野、农田等开阔生境，常贴着草丛低飞，并低头寻找猎物，一旦确定目标便会折翅俯冲，抓住后就地进食，而很少像许多猛禽一样带到其他地点进食。主要以小型鸟类、雏鸟、鸟卵、小型啮齿类、蛙、蜥蜴、蛇等动物性食物为食，也能捕捉小型雉类、小鸭、䴙䴘类等中小型陆鸟、水鸟，很少到远离水域的干旱平原地上捕食，也有吃腐尸的目击记录。

胸部有浅色环带

雌鸟／新疆／张国强

棕灰黑三色翅

雄鸟／新疆／张旻

翼指5枚

未成鸟／印度／李锦昌

báifùyào

Circus spilonotus / Eastern Marsh Harrier

体长 / 43-54厘米　翅展 / 119-146厘米

白腹鹞

鹰形目·鹰科

居留类型 / 夏候鸟、旅鸟、冬候鸟

保护级别 / 国家二级

头颈黑色

黑色细纵纹连接白色身体

雄一型捕食黄鼠/内蒙古/贾云国

辨识要点：中型猛禽。翼指5枚。鹞属猛禽色型最为复杂的一种。雄鸟有3种体色。雄一型为：腹部及翅下纯白，翼指附近发黑，头颈黑色，与胸口白色交接处由参差的细纵纹连接，尾色纯无纹，背及翅上有大片黑色色块。雄二型为：似雄一型，但头部为灰褐色，尾亦发灰无纹。雄三型为：整体发褐色，胸腹有大量褐色纵纹，白腰不明显，中央尾羽洁白，翅下飞羽上有不如白尾鹞雌鸟明显的黑色横斑。雌鸟眼黄，也有两种体色。雌一型：似"雄三型"但是无白色的中央尾羽，仅有不甚洁白的白腰。雌二型：为纯褐色，胸部发白，翅下可见白色无横纹的翅窗，无白腰，尾亦褐色无纹。未成鸟眼为褐色，体色变化很多，但多为褐色似"雌二型"，翅下可见洁白无纹的翅窗，头胸可有不同程度的发白，尤白腰。本种嘴形较大外凸，可以此区别鹊鹞及白尾鹞等。

分布：繁殖于东北和内蒙古，迁徙时经过中国东部地区及西南地区，在长江中下游地区、华南沿海、海南岛和台湾岛越冬。在国外分布于俄罗斯远东、朝鲜半岛、日本等地。

习性与栖息地：喜开阔地，亲湿地，最喜欢居住的地方是茂密、安静且食物充足、没有打扰的苇丛、沼泽。飞行气质略沉重，不如草原鹞等轻盈。最常见的猎物包括芦鹀、云雀。大部分都是小型鸟，尽管有时候也会捕捉白冠鸡（coot）和普通秧鸡（rail）。繁殖期的食物主要是根据具体地点周围最常见的食物。主要以芦鹀、云雀等小型鸟类、鼠类、蛙类、蜥蜴、蛇类和大型昆虫为食，有时也在水面捕食各种中小型水鸟如幼鸭、䴙䴘、秧鸟，也有捕捉野兔成功的目击记录，食物短缺时亦会食用死尸和腐肉。在繁殖季食物可能较为单一。

头部灰褐色

雄二型／北京／宋晔

不甚洁白的白腰

雌一型／内蒙古／姚立宇

翼指5枚

雄三型／北京／宋晔

中央尾羽洁白

雄三型／日本／王昀

眼为褐色

未成鸟／北京／颜小勤

未成鸟／台湾／吴崇汉

雌一型／北京／路遥

雄一型与雌一型交配／内蒙古／姚立宇

114

báiwěiyào

Circus cyaneus / Hen Harrier

体长／42-51厘米　翅展／110-121厘米

白尾鹞

未成鸟／新疆／张国强

辨识要点： 中型猛禽。翼指5枚。雄鸟眼黄，头、颈、背、尾均为灰色，翼指附近发黑，胸腹及翼下全白，翼后有灰色外缘。雌鸟眼黄，整体为褐色，胸腹黄色有褐色纵纹，白腰明显。飞行时可见翅下飞羽上有显著且粗重的黑色横纹，对比明显强于鹊鹞雌鸟。未成鸟似雌鸟，但胸腹色更深，眼为褐色。

分布： 在中国东北和西北地区繁殖，迁徙时大部分地区都可见到，在华北以南可见冬候鸟。在国外繁殖于欧亚大陆、北美，越冬于欧亚大陆南部。

习性与栖息地： 是本属猛禽中国内最常见的一种。栖息于平原和低山丘陵地带的水域附近，尤其偏好平原上的湖泊、湿地、河谷、芦苇塘、林间沼泽，有时也拜访草原、荒野以及低山、草地、农田耕地地区，冬季常出现在人类的居住地附近。食性主要捕食小型鸟类、鼠类、蛙、蜥蜴和大型昆虫。在大风或卜雪的天气，鸟类占食物中的较大比重，田鼠等食物则在天气情况较好或无雪的时节更多一些。在一些地区，本种的雌性有更多抓大型鸟和小兔子的记录。

飞羽上有粗重的
黑色横纹

白腰明显

未成鸟／北京／宋晔

翼指5枚

雄鸟在低空游弋寻找小雀／北京／焦庆利

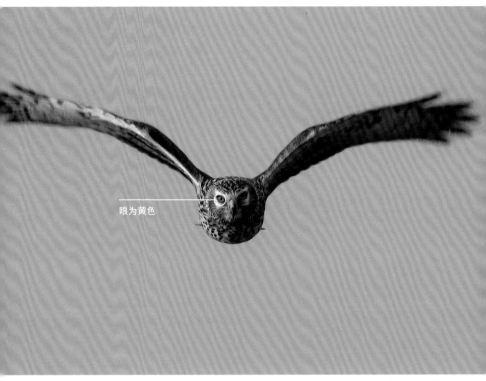

眼为黄色

雌鸟/北京/沈越

雌鸟/北京/汤国平

雄鸟/辽宁/张明

cǎoyuányào

草原鹞

Circus macrourus / Pallid Harrier

体长 / 43-50厘米　翅展 / 100-121厘米

雄鸟/新疆/许传辉

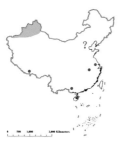

辨识要点：中型猛禽。翼指4枚。雄性虹膜黄色，且仅前几枚初级飞羽末端发黑。身体呈石板灰，似白尾鹞雄鸟，但喉部发白，飞羽的黑区更为狭窄，灰色也比白尾鹞与乌灰鹞更浅淡。雌鸟虹膜黄色，身体遍布褐色纵纹，尾上覆羽白色有"白腰"，与常见的白尾鹞的雌鸟相似，但头下有更明显的白色领环，体形比前者纤细，翅形更狭窄且翼指数少，次级飞羽色亦更深。未成鸟与雌鸟相若，但虹膜色深，身体浅褐色，似纯色，纵纹不明显，飞行时可见其极深色的次级飞羽。

分布：在中国繁殖于新疆天山，偶有记录于华北、华东、华南和西藏。在国外分布于欧洲东南部、西伯利亚、中亚，迁往非洲、伊朗、印度次大陆和中南半岛等地越冬。

习性与栖息地：与大部分喜湿地的鹞不同，本种主要栖息在草原、半荒漠、干旱开阔的平原，偶见于林缘。主要食物为草原鼠类，包括旅鼠、田鼠、黄鼠和仓鼠。也吃草原上的鸟类如百灵、鹨、雀，还吃蛙、蜥蜴和昆虫等。经常贴近地面飞行，头向下左右窥视，见到猎物便俯冲下去捕捉，落在地面撕开啄食。在许多地区，本种数量根据小型啮齿类动物的密度而周期性波动。

繁殖期雄雌鸟互动频繁／新疆／张国强

雄鸟／新疆／邢睿

翼指4枚，仅前
几枚末端发黑

雄鸟／新疆／许传辉

未成鸟／新疆／许传辉

quèyào

鹊鹞

Circus melanoleucos / Pied Harrier

体长 / 42-50厘米　翅展 / 110-125厘米

雄鸟/辽宁/张建国

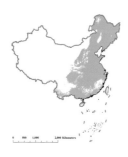

辨识要点：中型猛禽。翼指5枚。鹞属猛禽中体形偏小的鹞。雄鸟眼黄，头胸色黑，与白色的身体衔接处颜色整齐分离。俯瞰其飞行时可见后背标志性的"三叉戟"形边缘齐整的黑色带，颇靓丽。仰视其飞行可见腹部发白、翅下亦白，翼指附近发黑，尾白无纹。雌鸟眼黄似白尾鹞雌，但从腹部即开始发白，连接至腰，翅下飞羽的黑色横斑不及雌性白尾鹞显著。未成鸟眼褐色，羽色为纯褐色，有白腰，翅下长有横纹的初级飞羽色浅发白，次级飞羽色暗深亦有纹，有时可见发白的中央尾羽。

　　分布：在中国繁殖于东北，迁徙时见于中国的东部至西南地区。在长江中下游地区至华南、西南越冬。在国外繁殖于俄罗斯远东地区及朝鲜半岛，迁往印度次大陆、中南半岛和菲律宾越冬。

　　习性与栖息地：站立时外形很像喜鹊，故此得名。在河北北戴河地区，曾一次记录到鹊鹞迁飞过境14534只。如属实，则为该种单次目击数量的世界纪录。本种为标准鹞属猛禽习性，喜湿地，栖息于距离水域不远的开阔的低山丘陵、草地、旷野、河谷、沼泽、林缘灌丛。繁殖期后有时也到农田和村庄附近的草地和丛林中活动。常单独或者成对活动。主要以小鸟、鼠类、林蛙、蜥蜴、蛇、昆虫等小型动物为食。

雄鸟/辽宁/张明

胸腹分界，黑白分明

翼指5枚

雄鸟是黑白分明的靓丽猛禽/辽宁/张明

身体羽色纯褐色

未成鸟/辽宁/张明

雄鸟/内蒙古/张代富

雌鸟/辽宁/张明

雄性鹊鹞是世界上最靓丽的猛禽之一/北京/颜小勤

雄鸟/北京/颜小勤

wūhuīyào

乌灰鹞

Circus pygargus / Montagu's Harrier

体长 / 41-50厘米　翅展 / 102-123厘米

雄鸟／新疆／张国强

辨识要点：中型猛禽。翼指仅4枚，翅形极狭窄。成年雄性虹膜浅黄色，胸、喉、头部石板灰色，下腹白色，具有棕色纵纹，翅亦为浅色，初级飞羽呈现大块黑色区域，翅上有一黑色横带，翅下有两条黑色横带，具标志性，飞行时明显可见。雌鸟虹膜发黄，身体底色较浅，但密布大量褐色纵纹，背后有"白腰"，与常见的白尾鹞雌鸟相似，但体形比前者纤细，且翼指数少。未成鸟亦似成年雌鸟，但身体底色发棕，纵纹不若雌鸟明显，眼后有更明显的深色块似"黑耳"，虹膜色深。

分布：在中国繁殖于新疆北部，偶有记录于华北、华东、华南沿海。在国外分布于欧洲、西伯利亚、中亚、阿富汗和非洲北部，迁往非洲、伊朗、印度次大陆和中南半岛等地越冬。

习性与栖息地：栖息于低山丘陵、山脚平原地带、平原地区的河流、湖泊、沼泽和林缘灌丛等开阔地带，有时也到疏林、小块丛林和农田活动。常单独或成对活动。白天许多时间悠闲地在地空滑翔飘飞，或在草地和沼泽地上空轻轻地扇动两翅飞翔，试图寻找啮齿类、两栖类和草丛中的小雀。食性主要为鼠类、蛙、蜥蜴和大的昆虫，也吃小鸟、雏鸟和鸟卵。小的猎物可在飞行中持握边飞边吃，稍大的猎物则多带到附近突出的土堆或石头上慢慢啄食。

翅形极狭窄

翼指仅4枚，初级飞羽呈现大块黑色区域

眼后有「黑耳」

hēiyuān

黑鸢

Milvus migrans / Black Kite

体长 / 54-66厘米　翅展 / 125-153厘米

成鸟/内蒙古/宋旺

辨识要点：中型猛禽。雌雄同型。飞翔时翼指6枚。成鸟身体褐色较纯。未成鸟似成鸟，全身褐色，但背部、胸脯与覆羽可见不规则的白斑点及纵纹。本种中央尾羽内凹的叉形尾似鱼尾，极具标志性，有时打开成为外端平直的"喇叭形"。飞行时可见初级飞羽基部发白形成明显的"白斑"。亦有鸟类学家将本种中的两个重要亚种*lineatus*与*migrans*区别为黑耳鸢和黑鸢两个独立种。前者分布于亚洲北部及日本，后者分布于云南西部、西藏东南部、印度次大陆、非洲及大洋洲。在辨识上，前者体形大，停落状态下可见其淡灰色嘴及裸足，蜡膜蓝灰色，翅宽，叉尾较浅；后者体形较小，嘴足皆黄，翅略窄，许多个体叉尾较深。

分布：在中国广布于各地。在国外分布于欧亚大陆、印度次大陆、非洲和大洋洲，北方鸟冬季南迁。

习性与栖息地：飞行时气质优雅，缓慢平稳。适应能力强，喜成群，常见于城郊、乡村、河流周边、沿海地区和海岛，高至青藏地区海拔5000米左右均宜其生存。迁徙时可结合上百只集体行动。主要捕食小动物，也食腐肉，有时还会成群聚集在垃圾场周围找寻食物，亦能于湖泊上捉鱼（多为漂浮的死鱼）。

明显的"白斑"

黑鸢亦喜在水域活动捉鱼/香港/吴健晖

翼指6枚

独特的叉形尾

成鸟/新疆/沈越

未成鸟身体白斑多

未成鸟/四川/董磊

未成鸟／北京／颜小勤

亚种*migrans*／尼泊尔／冯利萍

集群生活的黑鸢数量可观/新疆/张国强

liyuān

栗鸢

Haliastur indus / Brahminy Kite

体长 / 36-51厘米　翅展 / 110-125厘米

成鸟／台湾／吴崇汉

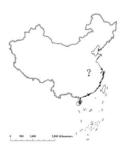

辨识要点：中型猛禽。雌雄同型。飞行中可见发黑的翼指6枚。成鸟体色靓丽。头部、颈部、胸部为白色，有栗色细纵纹。喙与足黄色，其余部分栗红色，尾形为圆形。未成鸟全身褐色纵纹，喙与足色浅发灰。

分布：在中国曾有记录见于长江中下游和西南地区，偶见于海南岛。在国外分布于印度次大陆、中南半岛、印度尼西亚和澳大利亚北部沿岸。

习性与栖息地：栖息于热带、亚热带地区的大型河流、湖泊沿岸或者海滨、海岛红树林地区和有高大树木的地带，及附近的村镇。常见捕食鱼类，包括蟹、蛙、虾等。偶尔也捕捉爬行类和啮齿类动物。在有大量死鱼的区域，或可见本种形成小群拣食。因栖息地环境恶化等原因，近年来数量下降比较明显。

头部、颈部、胸部为白色

成年栗鸢是棕白相间的靓丽猛禽/马来西亚/宋晔

发黑的翼指6枚

尾形圆

成鸟/马来西亚/许波

成鸟/马来西亚/宋晔

未成鸟/马来西亚/宋晔

Haliaeetus leucogaster / White-bellied Sea Eagle
体长 / 70-85厘米　翅展 / 178-218厘米

白腹海雕

成年白腹海雕在树上吃鱼／马来西亚／宋晔

辨识要点：大型猛禽。雌雄同型。翼指6枚。成鸟黑白分明，除飞羽和尾上覆羽基部为黑色外，体羽大部分洁白。未成鸟全身呈现棕色，翅下初级飞羽基部发白形成两块白斑，翅下覆羽亦有两道浅色带。本种具海雕属共性，显得头小颈长，尾羽呈楔形。停落状态下可见大腿被毛覆盖，小腿裸露泛黄。

分布：在中国有记录见于华南和台湾岛的沿海地区。在国外分布于印度次大陆、中南半岛、印度尼西亚、澳大利亚和南太平洋的岛屿。

习性与栖息地：取食于河口、沿海地带与海岛，也见于沿海附近的大型湖泊和水库中。通常繁殖于这些水体附近的高树上。在高空中翱翔或滑翔时甚优雅，飞行时两翼振翅缓慢有力，可俯冲至水面用爪捕捉水面鱼类。在海蛇较多的海域，海蛇可能会成为它的主食，亦常常抢夺其他猛禽和海鸟的鱼。除海洋生物外，偶尔也会捕猎鸟类和哺乳动物。

尾羽呈楔形

成鸟/马来西亚/宋晔

成鸟捕鱼瞬间/马来西亚/宋晔

翼指6枚

飞羽覆羽黑白分明

成功捕到大鱼的成鸟/马来西亚/宋晔

未成鸟/斯里兰卡/杨晔

未成鸟／斯里兰卡／杨晔

yùdàihǎidiāo

Haliaeetus leucoryphus / Pallas's Fish Eagle
体长／76-88厘米　翅展／185-215厘米

玉带海雕

成鸟／西藏／董磊

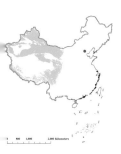

辨识要点：大型猛禽。翼指6枚。雌雄同型。成鸟头部和颈部具土黄色的披针状羽毛，体羽翅下皆为黑褐色，尾羽前端具一道宽阔的醒目白色横带。未成鸟停落时似黑鸢，但明显体形更巨，头尖颈长喙大。飞行时，翅下初级飞羽最内几枚呈现浅色，与翅下覆羽的浅色条带共同组成其特殊标志。本种与其他海雕相比，头颈更加细长，喙较细。

分布：在中国分布于新疆、青海、西藏、甘肃、内蒙古等地，偶见于华北。在国外分布于中亚、印度次大陆到蒙古，越冬于波斯湾地区和南亚次大陆。

习性与栖息地：习性似其他海雕，但主要栖息于内陆。多见于沼泽、草原及沙漠，或4700米以下的高原可以见到。通常营巢于湖泊、河流或沼泽岸边高大乔木上。在没有树的地区，有时候会选择在苇丛河床、沙洲或石头悬崖上繁殖。本种主要以鱼和水禽为食，狩猎技巧与白尾海雕类似。捕鱼时主要在浅水区作业，也会在水面捕捉如雁鸭、天鹅幼雏等水鸟，亦会偷捕家禽和盗抢别的鸟类到手的食物。本种在全球的数量长期以来下降，原因可能是大量湿地的消失和污染。

尾羽前端具
一道醒目的
白色横带

成鸟/西藏/董磊

6枚翼指

成鸟/内蒙古/张明

138

翅下初级飞羽最内几枚呈现浅色

翅下覆羽的浅色条带

正在吃鱼的未成鸟/新疆/王尧天

báiwěihǎidiāo

白尾海雕

Haliaeetus albicilla / White-tailed Sea Eagle

体长 / 74-92厘米　翅展 / 193-244厘米

成鸟 / 河北 / 宋晔

辨识要点：大型猛禽。雌雄同型。翼指7枚。成年鸟全身纯褐色，尾短而中央外凸成楔形，洁白醒目，嘴大色黄但仍远不及虎头海雕。未成鸟全身褐色，伴有不规则的斑驳白羽，但仍可见其镶黑边的标志性白尾，嘴色较深。本种停落状态下可见大腿被毛覆盖，小腿裸露泛黄，比较强壮。

分布：在中国东北和内蒙古东北部繁殖，迁徙或越冬于中国东部沿海及华中部分地区、西藏南部河谷地带和云南。在国外分布于亚欧大陆的北部、格陵兰岛和日本，在这些地区的南部及北非和印度越冬。

习性与栖息地：飞行时振翅极为缓慢。常单独或成对活动于河流、河口、水库、湖泊、海岸、岛屿附近。冬季本种常组成几只的小群统一行动，在高空盘旋或者长时间静立冰面。本种主要捕食鱼类，从空中俯冲而下，在水面将鱼抓走。极为偶然的情况下，它们会潜入水中追鱼，如果鱼很难以抓起来的时候，会用翅膀把鱼划到岸边，有时也会在浅水洼里涉水抓鱼。除鱼外，本种也捕捉鸭子等水鸟，会耐心地等待潜水躲避的水鸟出水后再次攻击，直至目标体能耗尽，捕食时间可长达45分钟。有时，两只海雕还会协作狩猎。除鱼和鸟外，其他哺乳动物也是本种攻击对象。研究表明，白尾海雕每天需要吃约300克哺乳动物肉或500克鱼。本种在中国数量下降趋势很显著，欧洲白尾海雕保护项目的经验值得借鉴。在最近的50年中，欧洲和国际社会都更加关注波罗的海周边地区的环境。波罗的海被重金属和农药严重污染，由于海雕处于食物链的最顶端，累积了各种环境毒素，导致其繁殖成功率在一些年中降至零。以芬兰为例，芬兰境内生活着大量白尾海雕，然而在196○年，没有一只雏鸟能够存活。随后，很多欧洲国家都采取了各种保护措施，包括在鸟巢周边建立小保护区、减少伐木、购买鸟巢周边土地、投放无毒食物、禁止化学品使用等。目前欧洲生活着5000-5500对白尾海雕。数量正在明显回升。

翼指7枚

尾短而中央外凸成
楔形，洁白醒目

成鸟/辽宁/王文桐

嘴大色黄

冰面上活动的白尾海雕/河北/宋晔

未成鸟具斑驳白羽

镶黑边的白尾

未成鸟/北京/肖怀民

3只幼鸟站在一起/北京/宋晔

与乌鸦对视的白尾海雕成鸟／北京／宋晔

成鸟和未成鸟为了食物争斗／北京／叶翔燕

hǔtóuhǎidiāo

虎头海雕

Haliaeetus pelagicus / Steller's Sea Eagle

体长 / 85-105厘米　翅展 / 193-230厘米

成年白尾海雕与成年虎头海雕并立/日本/许莉蒨

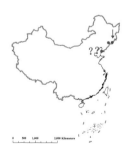

辨识要点：大型猛禽。雌雄同型。翼指7枚。体形硕大，头部和颈部具浅色披针状羽毛，体羽暗褐色，但肩羽、腰、尾上及尾下覆羽、腿覆羽及楔形尾呈白色。未成鸟喙色较浅，身体在褐色中夹杂不少白色，翅下初级飞羽基部有两块醒目白斑。本种以巨大的黄色喙著称，可凭此与其他海雕区分。

分布：在中国记录于吉林珲春，辽宁旅顺、大连，河北等地。在中国台湾的新竹和嘉义也曾现身，可能为迷鸟。在国外分布于俄罗斯远东的鄂霍次克海、白令海沿岸和堪察加半岛、库页岛。在日本北海道、朝鲜半岛等地越冬。

习性与栖息地：主要栖息于海岸及附近的河谷地带。飞行缓慢，常在空中盘旋或者长时间地站在岩石岸边、乔木树枝上或者岸边的沙丘上。冬季成群活动。在捕食时，会在水面上方不高处反复盘旋，或在浅水处静立等待。食性主要以鱼类为食，也捕食雁鸭等水鸟和野兔、狐狸等哺乳动物，甚至亚成的海豹。国际IUCN受胁等级为"易危"。

翼指7枚

白色楔尾

成鸟/日本/许莉菁

本种的黄色巨喙远超白尾海雕，极具特色/日本/路遥

145

两只争斗的虎头海雕/日本/路遥

成鸟与未成鸟并立冰面之上/吉林/张明

Haliaeetus humilis / Lesser Fish Eagle

渔雕

体长 / 53-68厘米　翅展 / 120-165厘米

腹部白色

成鸟/马来西亚/顾莹

辨识要点：中型猛禽。雌雄同型。翼指7枚。成鸟头、颈、胸为灰色，腹部白色，尾深灰不发白可区别与之同区域分布的灰头渔雕（国内尚无记录），翅下亦深灰。未成鸟体色较淡，翅下灰色斑驳，后背或可见不规律分布的白斑。本种体形虽不甚大，但具大型猛禽风范，飞行时翅形显宽大，深色的尾显短圆。

分布：亚种*plumbea*不定期出现于海南岛。分布于喜马拉雅山南麓到印度次大陆、中南半岛、印度尼西亚、菲律宾。

习性与栖息地：常在低海拔森林附近的河流、水库、湖泊岸边的大树上或岩石上被发现，也会飞到2000米以下的中等海拔山地去寻找水域抓鱼。爪的底面并没有海雕类所具有的沟，但外趾能向后转动，形成"对趾"。几乎完全以鱼类为食。渔雕捕食的时候通常静静地站在水边的树上仔细观察水面，一旦发现有人鱼游弋，就从所栖的树上悄悄地滑翔而下，紧贴水面飞行，然后从容地伸爪将鱼抓起。

báiyǎnkuángyīng

白眼鵟鹰

Butastur teesa / White-eyed Buzzard

体长 / 36-43厘米　翅展 / 88-100厘米

虹膜白色

成鸟／印度／李锦昌

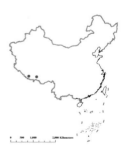

辨识要点：中型猛禽。雌雄同型。具端部发黑的翼指5枚。翅下初级飞羽基部洁白无纹，形成两块大白斑。上体暗褐色或者棕色，脸与胸颜色一致发棕，喉部白色并具有鲜明的黑色喉中线，枕部常有一块白斑，虹膜白色，十分醒目。身上密布棕色横斑，腹部开始逐渐颜色转浅变白，翅上覆羽亦具不明显的褐色斑纹。尾羽棕色，上有少量细横斑。未成鸟身体皮黄色具棕色细纵纹，尾羽明显具更多横纹。

分布：在中国仅有记录于西藏南部。亦见于喜马拉雅山南麓，向西延伸至伊朗高原东部，向南至印度、巴基斯坦、缅甸和泰国。

习性与栖息地：本种栖息于山脚平原、林缘灌丛、干旱原野、村庄附近等开阔地区的树上，分布海拔高可至2000米。多单独活动，性机警敏感，有时也在地面上步行捕食。飞行时一般紧贴地面，不常翱翔和滑翔，并在飞行时经常扭转尾羽。主要以小蛇、蛙、蜥蜴、鼠等为食，偶尔也吃小鸟和较大的昆虫。

Butastur liventer / Rufous-winged Buzzard

棕翅鵟鹰

体长／35-41厘米　翅展／84-91厘米

成鸟／柬埔寨／高宏颖

辨识要点：中型猛禽。雌雄同型。具端部发黑的翼指5枚。成年翅下覆羽洁白，颇独特。脸、喉、胸、上背灰褐色，下背至尾上覆羽棕褐色，两翼呈现较艳的砖红色，且尾羽无横纹。可以飞羽和尾羽的颜色与其他鵟鹰相区别。未成鸟似成鸟，但脸色及身体褐色较多，喉更白，尾羽有多条斜横纹。

分布：在中国仅有记录于云南西南部。在国外见于印度次大陆、中南半岛和印度尼西亚。

习性与栖息地：本种栖息地的海拔比其他鵟鹰更低。它们既能在树冠上筑巢也会在地面筑巢，这点在林栖的鹰类中较特殊。爱盘旋。通常贴近地面飞行或栖于树上窥伺猎物，也常徘徊于地上步行捕捉食物，主食小鸟、鼠类、小型两栖爬行动物和大型昆虫。平时通常分散活动觅食，但在迁徙期间，常常结成小群乃至大群。

先前共飞的两只成鸟结束飞行停落在树上休息／柬埔寨／宋晔

柬埔寨／高宏颖

huīliǎnkuángyīng

Butastur indicus / Grey-faced Buzzard
体长 / 39-48厘米　翅展 / 101-110厘米

灰脸鵟鹰

成鸟／浙江／薄顺奇

辨识要点：中型猛禽。雌雄同型。飞行时可见端部发黑的5枚翼斯。成鸟喉中线明显，胸腹密布红褐色横纹，胸口处可连成整片色块。未成鸟胸腹由点状斑串连成深色纵纹，有些个体似苍鹰亚成鸟，但翅形与翼指数目有明显差别，且有白净的喉部及醒目的喉中线，并不难辨识。本种翅形狭长平直，飞行气质稳重，振翅较缓。停落状态下可见较粗重的白眉纹及灰色脸颊。

分布：在中国繁殖于东北、华北至华中的部分地区。迁徙时经过中国东部大部分地区，在长江中下游地区、西南地区和台湾岛越冬。在国外繁殖于俄罗斯远东、朝鲜半岛、日本等地，在印度次大陆、中南半岛、印度尼西亚和新几内亚、菲律宾等地越冬。

习性与栖息地：活动于各类林地、林缘空地和乡村的开阔地，偶尔出现在荒漠和河谷。常在天空盘旋或停立在树梢上，观察地面的猎物，然后伺机捕食中小型鸟类、小型兽类以及两栖爬行动物，亦可大量捕食昆虫。本种可集上百只的大群迁飞。在强风天时可观察到落单的个体在风中戏飞。

明显喉中线

成鸟／山东／宋晔

端部发黑的5枚翼指

胸腹纵纹

翅形狭长平直

未成鸟／北京／宋晔

粗重的白眉纹及灰色脸颊

未成鸟／山东／宋晔

máojiǎokuáng

Buteo lagopus / Rough-legged Buzzard
体长 / 51-56 厘米　翅展 / 120-153厘米

毛脚鵟

新疆 / 邢睿

辨识要点：中型猛禽，雌雄同型，翼指5枚。与普通鵟体形相当或略微稍大一点，较其他两种鵟翅膀显得更为狭长，常见色型胸部及尾部甚洁白，周身的毛色黑白对比醒目，特别是靠近翅端与尾端的深色条带是辨认毛脚鵟的重要特征（未成鸟略淡），飞行时尤为显眼，亦可见明显翅窗。本种腿被毛完全覆盖，区别普通鵟系成员。

分布：在中国北方地区为冬候鸟，也有部分个体到南方越冬。在国外分布于亚欧大陆的北段至北美洲的北部，在这些大陆的南部越冬。

习性与栖息地：主要繁殖地区在冻土地带和延伸到北部森林的过渡区，以及在树线以上的冰蚀沼地。在繁殖季以外，毛脚鵟喜生活在开阔的农村地区，亦于湿地、灌木丛、草原等地捕猎。在高空飞翔时较其他鵟类更喜在空中定点振翅悬停。主要食物为小型啮齿类动物，来自欧洲的研究显示可占其食物总数的85%-95%，比例超过其他鵟类。在繁殖期也青睐在地上筑巢的其他鸟类的幼鸟和鸟卵，在冬季会吃腐肉。喜独自活动，但亦会与普通鵟一起活动。

毛色黑白对比醒目

翼指5枚

浅色尾羽有深色次端斑

风中悬停的毛脚鵟/新疆/张明

深色条带

北京/宋晔

翅窗

深色型／北京／西门

腿被毛

深色型

深色型／北京／西门

北京/叶翔燕

dàkuáng

大鵟

Buteo hemilasius / Upland Buzzard

体长 / 56-71厘米　翅展 / 143-161厘米

北京/孙少海

辨识要点： 中型猛禽，雌雄同型，翼指5枚。中国体形最大的鵟类，站立时像一只小型的雕，但嘴形腿形俱弱。头显尖细，翅展较普通鵟明显宽大，飞行时翅膀显得较长，而尾显得较短。常见中间色型下体深色部分靠后接近下腹部，并且深色带在下体中央不相连而与普通鵟区分开。翅上初级飞羽基部大面积的浅色区域（翅窗）是辨识大鵟的重要特征。繁殖于蒙古高原至东北的群体色型变化较少，多为头甚白的浅色型。繁殖于青藏高原的个体多为深（黑）色型和尾羽棕色带细横斑的色型。繁殖于新疆的个体从全黑至几乎全白均有，色型变化丰富。腿部强壮被毛或半被毛。

分布： 在中国北方及青藏高原繁殖，冬季在我国北方及中部和东部地区长江以北都能见越冬个体，偶见于南方。在国外繁殖于亚洲中部到蒙古至朝鲜半岛北部，越冬于印度、缅甸、日本。

习性与栖息地： 栖息于山地、山脚平原、草原、高原等地区，也出现在高山林地、高山草甸、荒漠地带，垂直分布高度可以达到4000米以上的高原和山区。主要以鼠类、鼠兔、野兔、黄鼠、旱獭为食，也吃两栖爬行动物、雉类、昆虫等动物性食物。常单独或小群活动，飞翔时两翼鼓动较慢，喜在天气暖和的时候在空中作圈状翱翔，大风寒冷时亦可顽强起飞正常活动。休息时多栖于土堆、山顶、树梢、电线杆或突出的物体如岩石上，静静观察周围。

尾结

浅色翅窗

翼指5枚

翅显长

北京／王昀

翼上有显著的白色翅窗

北京／宋晔

腿被毛

站立似小雕的大鵟（深色型）／青海／宋晔

或半被毛

深色型个体和棕尾型个体/青海/董磊

青海/高川

不同色型的两只大鵟为了领地争斗／内蒙古／徐永春

pǔtōngkuáng

普通鵟

Buteo japonicus / Eastern Buzzard

体长 / 50-59 厘米　翅展 / 122-137 厘米

北京/宋晔

辨识要点： 中型猛禽，雌雄同型，翼指5枚。头短粗、身材圆胖。色型分化不若欧亚鵟丰富。常见的色型上体深黄褐色，下颏至前胸皮黄色带细纵纹，上胸具有深色带，下体暗褐色，具深色和白色相间的粗纵纹。飞行时，可见翅下初级飞羽基部有白色的斑，飞羽的外缘和翼角黑色。尾羽微打开呈扇形，通常有数道细横斑，有很窄的次端横带，和毛脚鵟相区分。整体较多黄褐色调。腿较短且不被毛。

分布： 在中国东北有林地区繁殖，迁徙时中国东部大部分地区都可见，在长江中下游地区以南为冬候鸟，也有少量个体在北方越冬。在国外繁殖于俄罗斯远东部分、日本和朝鲜半岛，越冬区远及东南亚地区。

习性与栖息地： 秋冬季节，在开阔的城郊田地中常可以看到普通鵟飞翔，或立于开阔地稀有的乔木或电线杆上，也会在小树林或者有田地、牧场的地方栖息。主要食鼠类，也捕捉一些青蛙、蜥蜴、蛇、大型昆虫和蚯蚓。由于本种捕捉猎物时速度不会特别快，捕鸟能力不强，在繁殖季会捕食年幼或者刚刚长出羽毛的雏鸟，尤其是那些在地面营巢的鸟类。还可以看到它们寻食腐肉，这种现象在冬季居多。喜欢结成2-3只的小群活动，在迁徙季亦可以看到数十只乃至数百只普通鵟集群通过某一区域，年轻的普通鵟看起来比成年普通鵟更喜欢迁徙。飞行气质沉稳淡定，颇具大型猛禽气质，亦有在空中定点悬停的本领。

整体较多黄褐色调

深色腕斑

翼指5枚

未成年鸟/北京/宋晔

深色带较大斑靠前

北京/韩冬

山东/宋晔

xǐshānkuáng

喜山鵟

Buteo burmanicus / Himalayan Buzzard

体长 / 45-53厘米　翅展 / 105- 130厘米

尾羽白而有深色端斑

深色型／四川／董磊

辨识要点：中型猛禽，雌雄同型，翼指5枚。头短粗、身杉圆胖。曾为普通鵟的一个亚种*refectus*，体形、形态和普通鵟极为相似，但是DNA分析的结果支持本种为独立物种。体形通常较普通鵟为小。见于国内者通常为两种色型。一种色型为体色似普通鵟，但尾羽为棕色而带深色窄带次端斑。一种色型为全身黑色，尾羽白色带细横斑，并有宽的黑色端斑。

分布：在中国西藏到西南山地繁殖，冬季可能短距离迁徙到分布区的南部。在云南，多见于山地阔叶林生境越冬，不同于普通鵟。在国外见于环喜马拉雅山区的印度、不丹、尼泊尔、斯里兰卡等国。

习性与栖息地：似普通鵟。主要栖息于山地森林和林缘地带，以及田园、旷野等开阔地。从山脚阔叶林到高海拔的混交林和针叶林带均有分布。喜食鼠类，食量很大，亦吃昆虫，两栖爬行动物、蚯蚓、鸟类尤其是在地表营巢的鸟类的雏鸟和鸟卵，冬季也会食用腐肉。飞行姿态稳重，似大型猛禽。

ōuyàkuáng

Buteo buteo / Common Buzzard

体长 / 40-58厘米　翅展 / 109-136厘米

欧亚鵟

腹部深色带较靠后

辨识要点：中型猛禽，雌雄同型，翼指5枚。头短粗、身材圆胖。本种的体形、形态和普通鵟极为相似，但通常翅膀较尖长，次级飞羽的外侧羽缘黑色区的面积较大，胸部的颜色较为均一。颜色变异较大，体色从近黑至浅灰褐色均有，但相较于普通鵟缺少黄褐色调，腹部浅色带与深色带分隔更明显，近于大鵟。

分布：可能在我国阿尔泰山、天山繁殖，迁徙时经过新疆。在国外分布于斯堪的纳维亚北部、俄罗斯欧洲部分、高加索、亚洲中部、非洲撒哈拉沙漠。

习性与栖息地：似普通鵟。喜欢住在有小树林或者附近有田地和牧场的生境。常常在开阔的农村捕猎，冬天可能会出现在完全没有树的地区。尤其喜食田鼠，但是也吃多种昆虫，包括蟋蟀等直翅目昆虫、小甲虫、蜜蜂、蝴蝶、螳螂等，两栖爬行动物也在其食谱为。由于飞行速度慢，捕捉小鸟的能力不强，青睐捕捉幼鸟。飞行姿态稳重，似大型猛禽。年轻的欧亚鵟看起来比成年欧亚鵟更喜欢迁徙。本种是一种典型的直线迁徙者，常以最短的线路飞越海洋。

翼指5枚

新疆／邢睿

翅形较尖长

深色型／新疆／杨庭松

172

zōngwěikuáng

Buteo rufinus / Long-legged Buzzard

体长 / 50-65厘米　翅展 / 115-160厘米

棕尾鵟

浅色型头甚白

跗跖不被羽，颀长

浅色型成鸟 / 新疆 / 张国强

辨识要点：中型猛禽，雌雄同型，翼指5枚。和其他鵟类类似，具有深色型、中间色型和浅色型两种。浅色型和中间色型以棕黄色无斑纹的尾羽和其他近似种类相区分。深色型全身黑，尾羽白而具有显著的黑色端斑。与普通鵟和大鵟相比，体形和翅形都更加颀长，此外，腿更修长而不被毛。

分布：在中国新疆西部天山、准噶尔盆地、吐鲁番盆地繁殖，为留鸟。但部分种群冬季可游荡到西藏南部和云南。在国外繁殖于欧洲东南部经中亚到蒙古西部、非洲北部、中部。冬季见于非洲和印度西北部。

习性与栖息地：常栖息于荒漠和半荒漠地带、戈壁、干旱平原，越冬于开阔少树的原野。也有的个体选择生活在附近食物和水源充足的森林。在巴尔干地区的观察记录表明它门选择栖息地的标准为"有悬崖用于筑巢，有开阔地用于捕猎"。常独立或者成对活动，占立在电线、岩石和地上，有时也在空中逆风悬停。主以家鼠、沙鼠、跳鼠等啮齿动物为食，也吃野兔、刺猬等小兽和两栖爬行动物，偶尔捕食其他鸟类，特别是它们的雏鸟和鸟卵，在冬季常常吃其他动物尸体及死鱼。来自乌克兰的食性研究显示，在该地鼹鼠为本种最常见的猎物，可占44.4%，鸟类占22.3%。本种喜欢长时间停歇在高处，静候捕猎。亦常用用长腿在地上走来走去，寻找地面爬行的昆虫、蚯蚓等充饥。

翼指5枚

新疆/张明

新疆/王尧天

174

同属"棕尾家族"的棕尾伯劳一跃而起，主动驱赶棕尾鵟/新
疆/王尧天

体形翅形更修长

显著的黑色端斑

深色型/新疆/王昌大

腿更修长而不被毛

新疆/沈越

尾羽浅棕色几无斑

一对棕尾鵟在树上营巢／新疆／张国强

hóngtuǐxiǎosǔn

Microhierax caerulescens / Collared Falconet

体长 / 14-17厘米　翅展 / 28-34厘米

红腿小隼

下胸腹部泛红

红腿小隼体形与麻雀相若，是我国最小的猛禽之一／泰国／冯利萍

辨识要点：世界上体形最小的猛禽之一。几乎和麻雀一样大。无明显翼指。雌雄同型。成鸟头顶、翅上、背部黑色，尾羽黑色具白色横斑，白眉纹，眼后具粗重的黑色贯眼纹并下弯至耳后，其余头部、颈背、胸部、翅下覆羽白色，喉、下腹、腿、尾下覆羽橘红。未成鸟似成鸟，但是眉部、胸腹、腿和尾下覆羽亦呈现出隐约且浑浊的红色。随着年龄增大，胸部红色区域先行褪去，仅眉部、腹部、腿和尾下覆羽泛红，颜色逐渐加深，直至最终变为成鸟羽色。

分布：在中国极为稀少，仅见于云南极西南部少数几个地点，猜测亦可能出现于西藏东南部。亦分布于喜马拉雅山脉南麓中段至东段，包括印度东北部、缅甸、泰国北部和中南半岛。

习性与栖息地：常单独或成对活动于2000米以下中低海拔阔叶林附近的开阔的森林和林缘地带，尤其是林中河谷地带，有时也飞至森林附近的半原。营巢于树洞。性较胆怯。守候猎物时常静静地栖于突兀的树枝尖端，等待捕食出现的两栖爬行动物、昆虫等地面目标，或在快速飞行中捕食蜻蜓、蝴蝶等昆虫和小型鸟类等飞行目标。

营巢于树洞中的红腿小隼／云南／王昌大

群体活动的红腿小隼／云南／董磊

báituǐxiǎosǔn

Microhierax melanoleucos / Pied Falconet
体长／16-18厘米　翅展／33-37厘米

白腿小隼

面部的"熊猫眼斑"使之区分红腿小隼／江西／曲利明

辨识要点：体形极小的猛禽。仅比红腿小隼略大。无明显翼指。雌雄同型，成幼区别亦不明显。头部、背部、两翅都是蓝黑色，前额有一条白色的细线，与白色眉纹汇合，再往后向下延伸与白色胸腹部相汇合，显现出类似熊猫的眼部大黑斑。颊部、颔部、喉部和整个下体、翅下覆羽为白色，次级飞羽内侧具白色小点斑。尾羽黑色，只外侧尾羽的内缘具有白色的横斑。

　　分布：在中国曾广布于西南至华南、华东。目前仅见于江西、福建的少数地点及云南、广西南部边境极少的区域。在国外分布于印度东北部、缅甸北部、中南半岛东北部。

　　习性与栖息地：多单独或集小群栖息于1500米以下中低海拔的森林开阔地，也见于丘陵及近山的平原林地。通常营巢于啄木鸟废弃的洞中。停栖于高大乔木枝梢巡视猎物，守候猎物时常静静地栖于突兀的树枝尖端等待捕食出现的两栖爬行动物、昆虫等地面目标，或在快速飞行中捕食蜻蜓、蝴蝶等昆虫和小型鸟类等飞行目标。

一对交配的白腿小隼"深情"对望／江西／沈越

江西／蔡欣然

白腿小隼捕捉到了一只蜻蜓，昆虫是它们的主要食物来源/江西/宋晔

雨中的白腿小隼/江西/叶翔燕

huángzhǎosǔn

黄爪隼

Falco naumanni / Lesser Kestrel

体长 / 26-31厘米　翅展 / 62-73厘米

背部无斑点

雄鸟／北京／孙少海

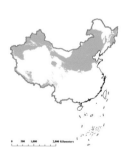

辨识要点： 小型猛禽，体形偏小的隼。无明显翼指。与常见的红隼极为类似，但不常悬停，体形也更为纤弱。本种中央尾羽更显楔形，较红隼突出，且尾相对较短，翼尖不若红隼尖锐。雄鸟头部为纯蓝灰色，髭斑不明显，背色红而无斑，可与红隼雄鸟明显区别，飞行状态下仰视可见其翅下较为洁白，翅外缘发黑。雌鸟及未成鸟酷似红隼，但背部横斑略窄，胸腹部纵纹较稀疏，髭斑比红隼细弱，但在野外较难确认。可重点观察其停落状态下发黄或白色的爪（指甲），与红隼的黑色爪区别。

　　分布： 在中国繁殖于北方适宜生境，迁徙时见于华北至西南。在国外广布于南欧、北非、西亚、中亚、西伯利亚南部，越冬于非洲、阿拉伯半岛、南亚。

　　习性与栖息地： 多见单独、成对、成群活动于林缘、旷野、农田、荒漠、河谷等开阔生境，特别喜欢在裸岩山区和有稀疏树木的荒原地带活动。在天山地区甚至可以栖息于海拔3000米以上的高山地带。营巢于山区悬崖峭壁上的凹陷处和岩洞中，也偶尔在大树洞中营巢。在有些地区可集成数十只的大群，集体营巢于人类废弃、毁坏的建筑物中。飞行时常频繁地进行滑翔。主要以蝗虫、甲虫、蟋蟀等昆虫为食，也吃啮齿动物、蜥蜴、蛙类、小型鸟类等。但尤以昆虫为主，常见在空中捕食昆虫。

翅下较洁白

黄色指甲

山上交配的黄爪隼/内蒙古/徐永春

Falco tinnunculus / Common Kestrel

体长 / 33-39厘米　翅展 / 68-76厘米

红隼

头部青灰色

背具斑点

雄鸟／北京／宋晔

辨识要点：小型猛禽，体形偏小的隼。翼指不明显。常常在盘旋和悬停时打开长长的尾羽，形成扇形，红色的后背与黑色的翼端反差强烈，眼下有明显髭斑，胸腹部浅黄色，其上的点状斑常可连接为细纵纹。雄鸟背后为具黑色点斑的砖红色，头部青灰色，尾白无纹，仅有粗重的黑色外缘。雌鸟及未成鸟背偏红褐色，密布深色横斑，头亦同背色，尾有多道横带伴有粗重的深色外缘。

分布：在中国广布于除沙漠腹地以外的几乎所有地域。在国外广布于古北界和旧热带界，部分越冬于分布区南部以及东洋界。

习性与栖息地：适应能力极强的隼，为国内最为常见的猛禽之一。飞行气质活泼轻快。在城市、乡村、各种原始生境均可发现其身影，常单独或成对活动于开阔地带。营巢于人类建筑物、悬崖、山坡岩石缝隙、土洞、树洞和其他鸟类在树上的旧巢。停栖于电线、树桩、枯枝、悬崖岩石的高处等位置，或在空中定点悬停，等待捕食啮齿类和两栖爬行类动物。雀形目小鸟、蛙、蜥蜴、松鼠、蛇等小型脊椎动物以及蝗虫、甲虫等昆虫也是其常常选择的食物。常在空中飞行中进食。

雄鸟捕鼠／新疆／赵勃

雄鸟／北京／叶翔燕

悬飞的红隼/北京/宋晔

悬飞的红隼/北京/沈越

繁殖季，雄性亲鸟向配偶和幼鸟提供食物，这在猛禽界很普遍/新疆/张国强

繁殖季，雄性亲鸟和配偶亲密接触／新疆／张国强

红隼捕到小鸟准备进食/辽宁/张明

xīhóngjiǎosǔn

西红脚隼

Falco vespertinus / Red-footed Falcon
体长 / 27-32厘米　翅展 / 66-77厘米

头枕泛黄

全身青灰色

雌鸟/新疆/张国强

雄鸟/新疆/张国强

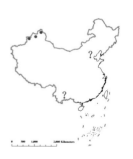

辨识要点： 小型猛禽，体形偏小的隼。无明显翼指。比红脚隼体形略大。具橘红色眼圈，喙橘红色且尖端深色，喙基具橘红色蜡膜，跗跖橘红色。雄鸟头及上体深灰色，下体灰色亦较深，下腹和臀羽棕红色，尾羽深灰色，似红脚隼雄鸟但翼下覆羽颜色为灰黑色，与红脚隼的白色覆羽迥异。雌鸟胸腹部染棕黄色，喉及脸颊白色，具黑色贯眼纹和浅髭斑，上背和两翼灰黑色并其鳞状斑，下体具稀疏的黑色纵纹，尾羽其黑色横斑，飞行时可见其棕黄色的尾下覆羽和身体颜色接近。未成鸟身体棕色，有细纵纹，橘红色的蜡膜及足色不明显。

分布： 在中国见于新疆西北部，迁徙季在云南有记录，亦有迷鸟见于华北。在国外分布于东欧、中亚和西伯利亚西部，越冬于非洲南部。

习性与栖息地： 习性类似红脚隼。喜结小群活动于海拔1500米以下的开阔平原、广场、灌丛以及低山疏林、林缘地带，丘陵地区的沼泽、河流、山谷和农田耕地亦可见其活动。飞翔时两翅快速扇动，间或进行一阵滑翔，也能通过两翅的快速扇动在空中作短暂的停留。主要以蝗虫、蠡斯、金龟子、蟋蟀、各种甲虫为食，有时也捕食小型鸟类、蜥蜴、蛙类、鼠类等小型脊椎动物。

未成鸟向成年雄性换羽中的个体/瑞典/Bjorn Johansson

雄西红脚隼把蜘蛛当作礼物送出讨好雌隼/新疆/刘璐

红脚隼

Falco amurensis / Amur Falcon

体长 / 26-30厘米　翅展 / 63-71厘米

隼形目 \ 隼科

居留类型 \ 夏候鸟、冬候鸟、旅鸟

保护级别 \ 国家二级

雄鸟/北京/宋晔

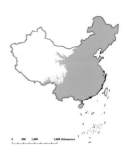

辨识要点： 小型猛禽，体形偏小的隼。无明显翼指。身材及未成鸟羽色似燕隼，但爪（指甲）色黄，不若燕隼为黑色。成鸟具橘红色眼圈，喙为橘红色仅尖端深色，喙基具橘红色蜡膜，腿、足亦为橘红色，腹部和尾下覆羽染红色。雄鸟头及上体深烟灰色，下体浅灰色，似西红脚隼雄鸟，但飞行时可见其纯白色的翼下覆羽与纯黑色的飞羽形成强烈对比。雌鸟上体具鳞状横纹，脸颊白，具深灰色较浅鬓斑，上胸具黑色纵纹，下胸至腹部白色，具黑色矛状横斑，翼下覆羽白色且具黑色斑点。未成鸟似雌鸟，但红色浅淡不明显，胸腹部有杂乱细密纵纹。

分布： 在中国见于东北、华北、华东、华中、东南、华南和西南的大多数省份。在国外繁殖于东北亚，迁徙经东亚、南亚和东南亚，越冬于非洲。

习性与栖息地： 现今更常被称为阿穆尔隼，此名称得于其主要繁殖区。阿穆尔是西方人对黑龙江的称谓，以模式产地的地名命名。本种栖息于开阔生境，喜立于电线上，常常结为几十只的大群在一个区域同时捕食昆虫，有时也与其他隼类混群，如黄爪隼。迁徙季节自东北亚向西南穿越印度，最终飞抵非洲东南部越冬，来年春季再次折返俄罗斯等地，往返行程最长可超过3万千米。过去曾将其作为西红脚隼*Falco vespertinus*的亚种，现分类多数观点认为其为独立种。2012年10月，"保护印度"组织偶然在印度加兰邦山区发现了当地人对阿穆尔隼集体屠杀行为。据估计，每年过路的阿穆尔隼死于该地猎人之手的多达12万-14万只。这可能只是该物种漫长的全球迁徙路线中受人类威胁的冰山一角。

多种色彩集于一身的雄性红脚隼/内蒙古/宋晔

雄鸟/北京/张鹏

雌鸟/北京/宋晔

下腹尚不发红

未成鸟／北京／宋晔

捕食成功的雄鸟／内蒙古／沈越

Falco columbarius / Merlin

体长／24-32厘米　翅展／53-73厘米

灰背隼

青灰背色

雄鸟／北京／宋晔

辨识要点：小型猛禽，体形偏小的隼。翼端部不尖锐，翼指显得比其他隼明显，本种飞行时可见其翅下飞羽、覆羽密布深褐色斑点。雄鸟背色青灰，头亦泛青，可见青色髭斑。胸腹土黄色有褐色纵纹。雌鸟及未成鸟似红隼，但整体更偏红褐色，有比雄鸟更明显的眉纹和髭斑，腹白色，有红褐色纵纹，背部常长有些不规则的浅色斑，可与红隼的红底黑斑相区分。

分布：在中国繁殖于西北，迁徙经东北、东部沿海和中西部的大部分地区，越冬于新疆西部、长江以南以及西藏东南部。在国外广布于全北界中北部，越冬于全北界南部以及以南区域。

习性与栖息地：喜开阔生境，在海拔2000米以下的低山丘陵、山脚平原、海岸等地常可观察到其活动，但较其他隼类更易出现于林区。通常营巢于树上或悬崖岩石上，偶尔也在地上，也常占用其他鸟类的旧巢。常单独活动，叫声尖锐。以小型鸟类、啮齿类、两栖爬行类动物为食。飞行气质迅速激烈，在低空直线飞行时快如闪电，令人震惊。常常采用这种方式直线突击小雀。

较其他隼翼指明显

雄鸟/新疆/周奇志

雌鸟/辽宁/孙晓明

雌鸟/辽宁/张建国

新疆/周奇志

雌鸟/北京/叶翔燕

yànsǔn

Falco subbuteo / Eurasian Hobby

体长／28-34厘米　翅展／68-84厘米

燕隼

"头盔"明显

胸腹粗纵纹

成鸟／新疆／张明

辨识要点：小型猛禽，体形偏小的隼。无明显翼指。雌雄同型。身材修长似大雨燕，停落状态下翅尖略过尾端。成鸟体白具黑色粗纵纹，尾很长。头部色黑，于眼下、耳部伸出两道粗重的髭斑，似戴一顶"头盔"，下腹部至尾下覆羽发红，眼圈、嘴、腿发黄，爪（指甲）色黑。未成鸟亦似成鸟，但体色略泛暗黄，臀部无红色。

分布：在中国见于除沙漠腹地和青藏高原以外的几乎所有地区，多为夏候鸟和旅鸟，越冬于西藏南部和华南，但尚未记录见于海南岛。在国外广布于古北界，非繁殖季至中国南部、中南半岛、南亚和非洲南部越冬。

习性与栖息地：栖息于海拔3000米以下的稀疏乔木和灌木生长的开阔生境、田地、海岸、疏林和林缘地带，有时也到村庄附近。在喜马拉雅地区有记录其活动于海拔4000米的高度。营巢于疏林或林缘和田间的高大乔木上，常常侵占乌鸦、喜鹊等现成的鸟巢。单独或成对活动，主要在空中捕食。飞行高速、敏捷、灵活，如同战斗机一般，甚至能捕捉飞行速度极快的家燕和雨燕，也常捕食其他雀形目小鸟、蝙蝠、蜻蜓及其他大型昆虫。

红色尾下覆羽

捕食昆虫的成鸟/北京/宋晔

尾下覆羽尚不甚发红

未成鸟/北京/沈越

新疆/李锦昌

成鸟/北京/徐永春

měngsǔn

猛隼

Falco severus / Oriental Hobby

体长 / 24-29厘米　翅展 / 61-71厘米

成鸟在枝头取食小雀／云南／肖克坚

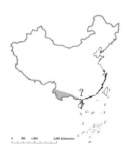

辨识要点：小型猛禽，体形偏小的隼。无明显翼指。雌雄同型。形似游隼，但体形小得多，翅形较之更为狭长似燕隼。成鸟头部黑色似戴一顶下缘平滑的"大头盔"，背部黑色，腹腹及尾下覆羽栗红色，黄色眼圈。亚成鸟似成鸟，但胸腹棕色具黑色细纵纹。

分布：在中国见于云南、广西西南部，可能见于华南其他地区，海南岛的记录仅为早期文献。2013年10月至11月在西藏自治区墨脱县境内观察记录到本种2只，各地均极罕见。分布于喜马拉雅山脉南麓，经印度东北部、缅甸和中国西南至中南半岛、马来半岛、菲律宾和印度尼西亚以及新几内亚。

习性与栖息地：多单独或成对活动于2600米以下的低海拔林缘、疏林、丘陵及平原地区。繁殖期通常利用位于陡峭悬崖边高大树木上的乌鸦及其他鸟类的旧巢，偶尔也在悬崖的岩石边自己筑巢，但较为粗糙。清晨和黄昏活动最为活跃，多在空中捕食小鸟、蝙蝠和大型昆虫，捕到后直接带到树上去啄食。也吃老鼠、蜥蜴等小型脊椎动物。

成鸟／西藏／李锦昌

全身红褐色

戎鸟／云南／翁发祥

一对正在交配的猛隼／云南／刘璐

lièsǔn

猎隼

Falco cherrug / Saker Falcon
体长 / 47-57厘米　翅展 / 97-126厘米

成鸟/辽宁/张明

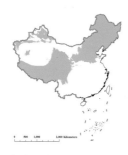

辨识要点：中型猛禽，体形很大的隼。雌雄同型。无明显翼指。根据个体不同颜色深浅差异较大。常见个体成鸟体洁白，胸白净，胸腹部分布有黑褐色点状斑，眼下可见细而清晰的髭斑。未成鸟体底色略黄有深褐色纵纹，足色发灰不似成鸟的黄色，形似游隼未成鸟，但眼下髭斑较弱，尾下覆羽常无纹路显白净亦可区别游隼。另外，本种嘴与爪均比隼小。与灰色型矛隼更易混淆，区别在于本种停落时翼尖仅比尾端略短，而矛隼的翼尖达2/3尾部。此外脸颊比灰矛隼白净，髭斑更明显。飞行时显得两翼较窄。体形体重亦低于矛隼。尾下覆羽不似灰矛隼有纹路。在猎食时，平飞速度也不若矛隼迅速。但以上常不绝对，野外亦常出现疑似杂交个体，需细细分辨。

　　分布：繁殖于东欧、中东、中亚及西伯利亚南部，越冬于中国中西部、中东、西亚、印度北部和非洲东部。国内见于西北部新疆，北部内蒙古、辽宁、吉林、北京、河北、河南，西部甘肃、青海、四川、西藏，偶见于东部。

　　习性与栖息地：大型隼类，多栖息于平原、高原、高海拔山地、半荒漠以及多峭壁和岩石的生境。常见于海拔2000米以下区域，最高可达4700米。以鸟类、啮齿类和兽类为食，有能力猎杀中等偏大体形的鸟类，包括涉禽、游禽、陆禽，以及健壮的小兽。可在地面和空中捕食，性凶悍，会主动驱赶其他接近领地的猛禽，如金雕等。本种狩猎能力强，自古便是北方民族和中东国家推崇的狩猎工具。在阿拉伯国家，驯养隼类至今仍是一种时尚、财富和地位的象征。国际隼类贸易使本种在不少自然分布地遭受灭绝性捕捉。在我国，也有不法分子非法捕捉猎隼从事走私活动。

深褐色纵纹

胸腹部有黑褐色点状斑

尾下覆羽洁白

成鸟／西藏／董磊

翅尖比尾略短

在岩壁上的缝隙中营巢／青海／张铭

máosǔn

Falco rusticolus / Gyrfalcon

矛隼

体长 / 50-63厘米　翅展 / 110-131厘米

浅色型未成鸟/吉林/季文辉

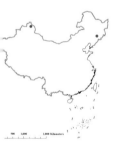

辨识要点：中型猛禽，体形极大的白色、黑色或褐色隼，雌雄同型。无明显翼指。壮硕的个体可能超过60厘米，体重超过2千克。浅色型成鸟周身雪白，上体有黑色点斑，令人过目不忘。深色型成鸟周身黑灰色，胸腹间杂一些纵纹白斑。亦有灰色型矛隼极似深色猎隼。未成鸟多为干净的棕褐色，有类似猎隼未成鸟的纵纹，足色发灰不似成鸟的黄色足。灰色型矛隼与猎隼的区别在于，本种停落时翼尖达2/3尾部，而猎隼的翼尖仅比尾端略短。此外灰矛隼尾下覆羽常有纹路，脸颊较黑、髭斑常不如猎隼明显，飞行时显得两翼较宽圆。体形体重亦明显大于猎隼甚多，在猎食时，比猎隼的平飞速度高。但以上常不绝对，野外亦常出现疑似杂交个体，需细细分辨。

分布：在中国极为罕见，冬季偶见于东北和华北，在新疆阿勒泰地区有较为稳定的记录。在国外，繁殖于环北极圈地区的苔原，冬季向繁殖区以南迁移。

习性与栖息地：多栖息于冻原的大型隼类。以中小型鸟类为食，也捕捉啮齿类和兽类。在一些栖息地，它们主要捕捉柳雷鸟和松鸡，按照食物重量计算比例可高达总食物的72%。据来自一座海岛上的矛隼食性调查研究显示：702枚猎物中，408枚为鸟类、262枚为哺乳动物，还有4条鱼、2只青蛙和26只昆虫。沿海岸栖息的矛隼主要捕食海鸥、鸭子、海雀，但也会捕捉雷鸟，在它们的食丸中经常含有一副整的未被消化的鸟类的脚爪。在旅鼠多的季节，也大量捕食旅鼠。而在一些地域，杓鹬会成为本种青睐的主食。偶尔也吃腐肉。矛隼凶猛敏捷，既能猎杀空中飞行的鸟类，又能制伏地上奔行的兽类，甚至有捕捉小隼的记录。由于战斗力强劲，本种是鹰猎活动中的明星物种，常遭遇非法捕捉贩卖。

周身雪白

浅色型未成鸟/吉林/季文辉

周身黑色

尾下覆
羽有斑

深色型未成鸟/新疆/张国强

两翼较宽

灰色型未成鸟/瑞典/Bjorn Johansse

Falco peregrinus / Peregrine Falcon

体长 / 35-51厘米　翅展 / 79-114厘米

游隼

"头盔"显著

成鸟/北京/沈越

辨识要点：中型猛禽，体形偏大的隼。无明显翼指。雌雄同型。体羽根据亚种不同而多变。嘴与脚比猎隼大，尾下覆羽有横纹，不若猎隼那样为白色，眼圈亦比猎隼显著。停栖时给人感觉肩宽胸凸，给人"鸽胸"之感，尾短。成鸟体洁白（有些亚种身体泛红），腹部、翅下覆羽、尾下覆羽可见密布细横纹，眼下髭斑极粗重，头部"头盔"最为明显。亚成鸟体色发黄，上密布褐色细纵纹，可与燕隼亚成鸟的粗纵纹区隔，眼下髭斑或不及成鸟明显。

分布：广布于中国东部至西南、藏南，夏候鸟见于新疆北部。在国外广布于全球各大洲。

习性与栖息地：鸟类速度纪录保持者，俯冲时速可达300千米/小时。研究显示，在本种结束俯冲时身体所承受的压力可达25倍重力，这是已知人型动物中的最大值。本种分布广泛但并不常见，多单独或成对活动，栖息于各种开阔生境，包括山地、丘陵、海岸、海岛、半荒漠、沼泽与湖泊沿岸地带，也到开阔的农田、耕地和村屯附近活动。凭借其出色的力量和速度成为鹰猎活动的重要鹰种，因此遭受比其他猛禽更大的人为捕捉威胁。本种性凶猛，多捕猎于空中，飞行迅猛且空中动作不断变换，捕食过程极具观赏性。捕食对象主要为野鸭、鸠鸽、鸥类、鸦科鸟类、中小型雉类等，偶尔也捕食鼠类和野兔等小型哺乳动物。发现猎物时首先快速升空，占领制高点，锁定猎物，然后将双翅收拢，向猎物猛扑下来，接近时常用脚击打猎物，使其失去飞行能力，再抓住带走慢慢取食。在极端案例中，两只护巢的游隼一起攻击金雕，母隼最终成功俯冲拳击金雕头部，雕从约184米的悬崖上跌落到树丛里，在此过程中，翅膀也没有尝试去扇动，之后金雕也再未出现，目击者怀疑其在游隼的攻击中死亡。

细纵纹

捕到小鸟的未成鸟/北京/张永

成鸟/北京/宋晔

未成鸟／北京／汤国平

一只麦鸡被亚成游隼捉住／北京／张永

游隼是世界上鸟类飞行速度的记录保持者,观察其战斗机般的锐三角翅形可以理解隼科鸟高速飞行的部分原因/北京/徐永春

游隼是捕鸽能手，常在空中捕捉家鸽／北京／张鹏

成鸟正在进食／北京／韩绍文

niyóusǔn

Falco pelegrinoides / Barbary Falcon

拟游隼

体长／33-44厘米　翅展／76-102厘米

后颈泛红

成鸟／新疆／文志敏

辨识要点： 中型猛禽，体形偏大的隼。无明显翼指。体形比游隼略小，具更狭长的翅和更长的尾。雌雄同型。成鸟整体色浅，头顶灰色，脸颊至颈背染棕色，头顶两侧及后眉纹沾棕色，眼下具明显的黑色髭斑，胸腹底色发白，腹部存在横纹。俯瞰其飞行，可见黑色的翼尖与灰色的覆羽和背部对比较明显。未成鸟褐色重，下体多黑色纵纹，颈背色浅并沾棕色。

分布： 在中国有繁殖记录见于天山及青海，冬季见于新疆北部，冬季南迁，可见于西北地区邻省。在国外分布于北非和中东。

习性与栖息地： 同游隼，但更喜干燥而开阔的生境。通常栖息在海拔1000米以下的半沙漠及干旱山区，与海岸悬崖按壤的沙漠和半沙漠亦是其青睐的栖息地。但在冬季来临时一些拟游隼（尤其是年轻个体）会向较温暖湿润的地区扩散。本种在山崖上筑巢。飞行快速，性凶猛，善于在飞行中追捕中大型鸟类。

成鸟／新疆／陈丽

细纵纹

未成鸟／新疆／谢林冬

cāngxiāo

Tyto alba / Barn Owl

仓鸮

体长 / 34厘米　翅长 / 26-31厘米　体重 / 250-480克

面盘白色宽而呈心形

云南/肖克坚

辨识要点：中型鸮。无耳羽簇。头大而脸平，最大特点是面盘白色宽而呈心形，上体棕黄色而多具纹理，白色的下体密布黑点。不同个体整体色调可出现一定程度的变化。未成鸟起初体色非常白，随着年纪增长开始转成较深的皮黄色。本种虹膜深褐，喙污黄色，脚污黄色或黄色。叫声类似尖锐的喊叫shrrreee。

分布：在中国分布于云南南部低地。在国外见于美洲、西古北界、非洲、中东、印度次大陆、东南亚、马来诸岛、巴布亚新几内亚及澳大利亚。

习性与栖息地：在民间被广泛称为"猴面鹰"。由于叫声过于尖锐凄惨而令人印象深刻，在1666年的英国，仓鸮获得了一个短暂的英文名"尖叫鸮"（Screech Owl），但很快在18年后废止并依照其喜爱光顾农家谷仓的行为被更名为"仓鸮"。除了谷仓外，本种白天还喜欢藏匿于树洞、房屋、悬崖等处的黑暗洞穴或稠密植被中，夜间在开阔地面上空低飞觅食。多单独活动，有时出现在弃宅、坟地、湿地等环境中。每天大约捕捉3只老鼠，也会捕捉野兔、小鸟、青蛙、昆虫，偶尔还有抓鱼的记录。每年繁殖2次，营巢于树洞或建筑物中。

云南／罗爱东

加拿大／韩冬

Tyto longimembris / Eastern Grass Owl

草鸮

体长 / 38-42厘米　翅长 / 27-36厘米　体重 / 265-450克

特征性的白色面
盘宽而呈心形

胸部的皮黄色甚深

山东/祝芳振

辨识要点：中型鸮。无耳羽。头圆而脸平，特征性的白色面盘宽而呈心形，似仓鸮，全身多具点斑、杂斑或蠕虫状细纹，但脸及胸部的皮黄色甚深，背深褐色，飞行时翅膀显得比仓鸮更长。虹膜褐色，喙米黄色，脚略白。大部分时候比仓鸮安静许多，偶尔叫时声音亦响亮刺耳。

分布：在中国见于云南东南部、贵州、广西、广东、福建、香港，北至华北地区。在台湾岛南部为留鸟，冬季南迁。在国外分布于印度次大陆、日本、东南亚、巴布亚新几内亚直至澳大利亚。

习性与栖息地：隐藏于海拔1500米以下开阔地的灌丛与高草里，很难被目击到。幼鸟往往在其栖息地进行开发时于地面巢穴中被不幸发现。偶尔也出现在农田和树林内。多在黄昏和夜间活动，主要以鼠类、蛙、蛇、昆虫为食。本种几乎全部的捕食案例都是于飞行中捕捉猎物而不是在地面行走捕食。一年可繁殖两次，可一旦条件良好，繁殖次数亦可能增加。

山东/祝芳振

捕捉老鼠飞回巢区/山东/祝芳振

正在给幼鸟喂食的亲鸟（本组图片为研究人员拍摄，手法请勿效仿）／山东／祝芳振

幼鸟／山东／祝芳振

lìxiāo

栗鸮

Phodilus badius / Oriental Bay Owl

体长 / 23-29厘米   翅长 / 17-24厘米   体重 / 255-308克

下体浅色偏粉色并具稀疏黑点

海南/陈久桐

辨识要点： 小型鸮。有短耳簇，紧张或兴奋时会竖起。头大、尾短，其心形面盘与仓鸮相似，略方。上体红褐色而具黑白点斑，下体浅色偏粉色并具稀疏黑点，脸粉色，尾浅栗色，亦具多道黑色横斑。虹膜深色，喙浅色沾粉，爪黄色。叫声为轻柔的呼呼叫声以及hooh-weeyoo啭鸣，在黑暗中飞行则发出哀怨如乐的hwankwit-kwantwit-kek-kek-kek哨音。

分布： 在中国偶见于云南南部、广西西南部及海南岛。在国外见于印度次大陆至东南亚及大巽他群岛。

习性与栖息地： 夜行性森林鸮类，白日坐姿平展，似夜鹰目的蟆口鸱。栖息于郁闭度较大的山地原生阔叶林中，从低海拔到最高2300米的稠密森林均有记录。有时在农场和田野附近的密林中也可发现其踪迹。本种主要在晚上、黄昏和黎明前单独或成对活动，有时亦成几只的小群。捕食地常常靠近水域，主以鼠类、小鸟、蜥蜴、蛙、昆虫等为食。在许多栖息地，蝙蝠亦为本种的主要食物之一。

休息时栗鸮伪装成树枝／海南／陈久桐

huángzuǐjiǎoxiāo

黄嘴角鸮

Otus spilocephalus / Mountain Scops Owl
体长 / 18-20厘米　翅长 / 13-15厘米　体重 / 50-112克

肩部具一排硕大的三角形白色点斑

成鸟 / 广东 / 薄顺奇

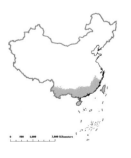

辨识要点：小型鸮。有较为显著的耳羽簇，受惊时耳羽竖起。全身黄褐色，无明显纵纹或横斑，上体包括两翅和尾上覆羽大都棕褐色，缀以黑褐色虫蠹状细纹，仅肩部具一排硕大的三角形白色点斑，较明显。虹膜浅绿黄色，喙黄色，脚淡灰白色。鸣声为连续上扬的双音节金属哨音，似"嘘、嘘-嘘、嘘"声，每隔6-12秒1次。

分布：在中国见于云南西南至东南地区、台湾岛及海南岛。亦见于喜马拉雅山脉、印度次大陆的东北部、东南亚、苏门答腊及北婆罗洲。

习性与栖息地：栖息于海拔600-2700米潮湿的原生热带山林中，大部分种群分布于1200米左右，极端目击案例曾记录到本种栖息于海拔高达3000米的森林中。白天静立于近树干的栖息处，夜间觅食。目前对于这种鸮的食性研究很有限，仅在其胃中发现了甲虫、老鼠以及其他昆虫及幼虫。本种会利用啄木鸟废弃的洞穴繁殖。

幼鸟／广东／薄顺奇

幼鸟／广东／薄顺奇

lǐngjiǎoxiāo

领角鸮

Otus lettia / Collared Scops Owl

体长／23-25厘米　翅长／16-19厘米　体重／100-170克

虹膜色深

辨识要点： 小型鸮。有明显耳羽簇。具浅沙色的颈圈，虹膜色深，以此区别于其他角鸮。上体偏灰色或沙褐色，并具黑色与皮黄色杂纹或斑块，下体灰色，有细密底纹和黑色纵纹。虹膜深褐色、红色，喙黄色，脚污黄色。叫声为圆润的"不、不、不"或者bo-bo-bo，12-20秒重复1次，常连续多次，鸣叫时间可达15分钟或更长，雄雌鸟常成双对唱。

分布： 在中国夏候鸟见于西南、华中、华东地区，留鸟于华南。在国外见于印度次大陆、东亚、东南亚、大巽他群岛。

习性与栖息地： 本种可生活在多种环境中，通常喜开阔林地或林缘，城郊的林荫道和市区公园均有不少目击记录，甚至可于此类地点进行繁殖。高可至海拔1600米。白天隐匿，夜晚活跃，多从树枝扑至地面捕食鼠类、鞘翅目甲虫、蝗虫等。多在树洞内繁殖，可利用啄木鸟废弃的树洞，偶尔还会利用喜鹊的旧巢。台中县野鸟救伤保育学会筹备会的研究人员林文隆先生在2007年度吊挂人工巢箱，发现领角鸮舍弃了原本使用的天然的龙眼树洞而改在人工巢箱繁殖。此种现象可能显示，许多次生林、果园的天然树洞条件并不优越，领角鸮长期以来勉为其难使用其繁殖并不甚满意。

在竹林中休憩／广东／宋晔

亲鸟捕捉昆虫育雏／福建／郑建平

福建/张浩

这次蚱蜢成了树洞中的幼鸟的食物/福建/郑建平

ribĕnjiǎoxiāo

Otus semitorques / Japanese Scops Owl

日本角鸮

体长 / 21-26厘米　翅长 / 15-20厘米　体重 / 130克

虹膜颜色为深橙色至红色

北京／路遥

辨识要点：小型鸮。有耳羽簇。身体偏灰色的角鸮，外形极似领角鸮，整体色浅。喙黄色或色深。本种虹膜颜色为深橙色至红色，而领角鸮虹膜为深褐色（在大部分照片里显示为纯黑色）。叫声亦与领角鸮存在明显差异，为悲伤的whoo1声，叫声之间间隔时间较长。

分布：在中国见于东北至华中，但与领角鸮的分布界限尚不明晰。在国外有留鸟于日本，旅鸟见于朝鲜半岛。

习性与栖息地：似领角鸮。常常在海拔900米以下的城郊公园、乡村附近的树林被发现。在寒冷的冬季，本种活动的海拔更加低，与人类居住区更为接近。食物主要为大一些的昆虫，但是也会捕捉蜘蛛、蛙类、小型哺乳动物和鸟类。

北京/路遥

本种红色的虹膜令人印象深刻/河北/王彭竹

Otus brucei / Pallid Scops Owl

纵纹角鸮

体长 / 18-22厘米　翅长 / 15-17厘米　体重 / 100-110克

纵纹清晰

新疆/丁进清

辨识要点：小型鸮。有耳羽簇。浅沙灰色，似灰色型的其他角鸮，但沙灰色较淡，面盘也更加明显。顶冠或后颈无白点，下体灰色略重，并其清晰的黑色稀疏条纹，颇为明显，尤其是胸部的黑色纵纹较为粗重。未成鸟下体遍布横斑。虹膜黄色，喙近黑色，脚灰色。叫声轻柔如鸽。雄鸟发出铿锵而嘹亮的低调whoop声，每5秒约重复8次，也作较长声的whaoo叫，每3～5秒1次，或为ooo-ooo···ooo-ooo声。

分布：在中国于新疆西部的昆仑山脉及喀什地区有过记录。在国外分布于中东至巴基斯坦，越冬于印度西北部及西部。

习性与栖息地：栖息于低山和平原地区的农田与林地，尤以海拔80米以上的低山河谷森林、耕地附近的树林、果园以及乡镇村庄附近树林中的目击记录为多，高至海拔1800米的亚高山地区，也出现在干旱石山上的低矮灌木丛中。一般单独或成对在黄昏和夜晚活动。主要以昆虫为食，也吃小型啮齿类、鸟类和爬行动物。

新疆／丁进清

Otus scops / Eurasian Scops Owl

西红角鸮

体长 / 16-21厘米　翅长 / 15-17厘米　体重 / 60-135克

新疆／张国强

辨识要点：小型鸮。有显著的耳羽簇。有棕色型和灰色型之分。整个身体为灰色或者棕色，上面杂乱地点缀一些黑色的纵纹，类似树皮的颜色。外形酷似与之分布无重叠的红角鸮而体色普遍稍浅。虹膜黄色，喙角质色，脚褐灰色。叫声似蟾鸣，为单调低沉的chook声，约3秒重复1次。

分布：在中国繁殖于新疆西部、北部的天山阿勒泰及喀什地区。在国外分布于欧洲南部、非洲北部、中亚地区，部分西红角鸮会迁徙到非洲撒哈拉以南的地区越冬。

习性与栖息地：喜居住于2500米以下有树丛的开阔原野，也经常出现在城市和乡村的树林、公园等。喜欢捕捉甲虫、蛾子等昆虫，蜘蛛、蚯蚓、壁虎、蛙类亦在其主要食谱之列。研究表明，小雀与鼠类仅占其全部饮食总量的1%-2%。

233

新疆/张国强

休息时与树干融合一体难以被发现/新疆/许传辉

hóngjiǎoxiāo

Otus sunia / Oriental Scops Owl

体长 / 17-21厘米　翅长 / 12-16厘米　体重 / 75-95克

红角鸮

灰色型／泰国／李维

辨识要点： 小型鸮。有明显耳羽簇，受惊时身体挺直而耳羽簇竖立。有灰色型和棕色型之分。常见的棕色型红角鸮，全身棕褐色，隐约有深色纵纹。眼黄色，区别于常见的领角鸮之深色虹膜，且本种体形相对后者为小，亦比西红角鸮小，体色比西红角鸮和纵纹角鸮略深。虹膜橙黄色，喙角质灰色，脚偏灰色。叫声为空灵Tuntun-tun鸣声，每轮鸣叫能持续5-6秒，稍微停顿片刻又马上开始，能持续相当长的时间。

分布： 在中国夏季常见于东北、华北、华东至长江以南，也见于西藏东南至西南、华南，偶见于台湾岛。亦繁殖于喜马拉雅山脉、印度次大陆、东亚、东南亚，北部群体南下越冬。

习性与栖息地： 喜栖息于低地开阔林区，包括城区的公园、林地，亦偏好河岸树林。最高目击海拔为喜马拉雅山区的2300米山麓。白天藏身于树丛中静立不动，夜晚在林缘与林中空地捕食，食物包括昆虫、蜘蛛与小型脊椎动物。捕食常常全程在地面完成，得手后再带着猎物飞到树荫处慢慢进食。

灰色型/上海/冯利萍

棕色型/江苏/孙华金

236

棕色型／福建／郑建平

liúqiújiǎoxiāo

琉球角鸮

Otus elegans / Elegant Scops Owl

体长／20厘米　翅长／17-18厘米　体重／100-107克

台湾／林月云

辨识要点： 小型鸮。有耳羽簇。别名"兰屿角鸮"。头顶无深色条纹，区别于红角鸮；无领圈，区别于领角鸮。体羽上白色点斑杂乱，胸腹纵纹不显著。虹膜黄色，喙深灰色，脚灰色，腿具斑纹。叫声为沙哑咳声uhu或kuru，每分钟15-30次。

分布： 在中国见于台湾岛东南部的兰屿岛。在国外分布于琉球群岛的南部湾。

习性与栖息地： 栖息于亚热带低地森林中，以常绿林为主，喜欢粗大的老树。有时也出现在人类村庄附近。食物以昆虫为主，包括鞘翅目甲虫、蟋蟀、蚱蜢，也吃蜘蛛和小型脊椎动物。现有约1000只生活于台湾兰屿岛上。该岛是本种栖息的最高海拔，约550米。

台湾/宋晔　　　　　　　　　　　　　　　　　　　　台湾/孙驰

幼鸟/台湾/林月云

xuěxiāo

雪鸮

Bubo scandiacus / Snowy Owl

体长／53-66厘米　翅长／39-46厘米　体重／710-2950克

雄鸟几乎通体白色

雄鸟／内蒙古／张明

辨识要点：大型鸮。无耳羽簇。雄性体形明显小于雌性。雪鸮头圆而小，面盘不显著，嘴基长着发达的须状羽，遮住大部分喙。雄鸟几乎通体白色，身体杂有少许浅褐色斑点，会随着年纪增长而逐渐消失。雌鸟底色亦为白色，但身体遍布深色斑点和横纹，尾具3-5对褐色横斑。未成鸟和雌鸟相似，但横斑更为显著。虹膜黄色，喙灰色，脚黄色。叫声多变，但是在繁殖期外它们是比较安静的。平常的鸣声为不断重复的深沉gawh声。繁殖期时，雄鸟常会发出"呼－呼－"的叫声求偶或是对入侵领地者发出警示，其他叫声包括狗吠声、咯咯声、尖鸣声、嘶嘶声和碰击喙的声音；雌鸟的鸣声较柔和，为低声的pyee-pyee或prek-prek，警鸣时发出seeuee哨音。雄鸟常常比雌鸟鸣叫得更为频繁。

分布：在中国，冬季见于内蒙古、辽宁、黑龙江、甘肃、新疆等寒冷地，中国河北、陕西等地也有罕见记录。在国外见于北极的冻原带，冬季南迁至欧洲、北美洲、亚洲中部、朝鲜半岛、日本等地。

习性与栖息地：由于该物种分布在高纬度和高海拔的寒冷地区，终年与雪为伍，因而通体几乎纯白色以获得伪装效果。它们的飞行姿态平稳有力，可贴地飞行，俯冲力量强，而升空速度亦迅速。白天黑夜都可以活动，但尤偏好昼行。北极地区到了冬季，一天24小时全都是漫漫长夜，其开始往南游荡可能与此具有关联性。雪鸮主要以北极地区常见的旅鼠和岩雷鸟为食，食物匮乏时也会游荡到其他地域取食啮齿类动物、雉类、雁鸭类、雪兔、旱獭等，甚至有捕捉狗、狐狸和短耳鸮的记录。严酷的生活环境常常会出现食物短缺，不过它们应变能力亦很强，能够迁徙到食物来源充足的地区。雪鸮的种群数量浮动很大，主要与食物数量有关。如在加拿大人口仅136人的班克斯岛（Banks Island）上，食物充足的年份该岛的雪鸮数量可达2万只，而食物匮乏的年份只有2000只。在天气炎热时，雪鸮会通过呼气和张开翅膀来降温。求偶期，本种具有其他鸮类所没有的特技飞行炫技。化石发现地点最南端是北回归线，推测可能为雪鸮的起源地。

雌鸟底色亦为白色，但身体
遍布深色斑点和横纹

雄鸟/内蒙古/徐永春

内蒙古/徐永春

雌鸟/内蒙古/张明

diāoxiāo

雕鸮

Bubo bubo / Eurasian Eagle-Owl

体长 / 58-71厘米   翅长 / 40-52厘米   体重 / 1550-4200克

胸部纵纹粗重

北京/叶翔燕

辨识要点：大型鸮。有显著耳羽，长达6～10厘米。面盘显著，淡棕黄色。眼大而圆，头顶有深色纵纹。后颈和上背棕色，各羽具粗重的黑褐色羽干纹。胸部黄色，具深褐色较粗重纵纹，腹部纵纹逐渐转弱，致密的细横纹变得明显。与毛腿渔鸮、乌雕鸮的区别为胸部纵纹更加粗重。虹膜橙黄色或金黄色，喙灰色，脚黄色。叫声为沉重的boo boo声和嘴叩击的嗒嗒声，叫声带有颤音。

分布：在中国分布于多数省区。在国外广布于欧亚地区与非洲。北方鸟冬季向南迁移。

习性与栖息地：繁殖季节多栖于山区，营巢于崖凹处或洞穴内，喜有峭壁的开阔森林地区。飞行迅速，振翅幅度大。在欧洲，本种栖息地可高至海拔2000米处，在中国新疆、西藏、喜马拉雅山脉可在海拔高达4500米处生活。通常站在高处守株待兔等待猎物，有时也会进行"搜索式飞行"。捕食能力强悍，猎物以鼠类、兔类为主，但也能捕捉狐狸、豪猪、野猫等兽类。天黑后，许多白日强悍的老鹰也都曾不幸被其偷袭得手，包括棕尾鵟、苍鹰、鵟、游隼等。

黑龙江/贾云国

一对在一起活动的雕鸮/河北/张明

北京/叶翔燕

líndiāoxiāo

林雕鸮

Bubo nipalensis / Spot-bellied Eagle-Owl
体长／51-63厘米　翅长／37-47厘米　体重／1300-1550克

耳羽簇，向两边
平展几成180°

胸腹白色具大量深褐
色心形点斑

云南／赵兴

辨识要点：大型鸮。有长而厚的耳羽簇，向两边平展几成180°。背色与胸腹色一黑一白，形成鲜明对比。体背多深色杂斑但无条纹，胸腹白色而具大量深褐色心形、"V"形点斑。虹膜褐色，喙黄色，脚皮黄色并被羽。叫声为轻柔但具回音的boom呻吟声，2-3秒重复1次，甚远可闻。

分布：在中国见于云南西南至东南部及华南地区局部，可能分布于四川西南部、西藏东南。在国外分布于印度次大陆至东南亚。

习性与栖息地：生活在亚热带低山至中山成熟原生阔叶林中。在林间空地及溪流中捕食，猎食时多沿林缘开阔地带、竹丛或河岸附近活动。曾出现在印度西南海拔高达2100米地区和喜马拉雅山脉海拔3000米处。过去一些目击者曾在水域附近看到这种鸮站立捕鱼，但事实上水域附近并不常发现其踪迹。本种喜欢捕捉大型鸟类与哺乳动物，也会捕捉蛇和蜥蜴。常在猎物休息时发动突然袭击，就连豺、幼鹿、孔雀这样的大型目标都偶尔会沦为其口中餐，甚至曾出现本种成功捕食亚洲胡狼的目击记录。

Bubo coromandus / Dusky Eagle-Owl 乌雕鸮

体长 / 48-60厘米　翅长 / 38-44厘米　体重 / 不详

胸前纵纹远不如雕鸮粗重
整体灰色深

印度/Bjorn Johansson

辨识要点：大型鸮。有突出发黑的耳羽簇。上体褐灰色遍布黑色纵纹，胸腹黄灰色，具狭窄但明显的黑色纵纹，但胸前纵纹远不如雕鸮粗重。整体比中国其他带耳簇羽的大型雕鸮灰色更深。虹膜黄色，喙灰白色，脚灰色并被羽。叫声为深沉而响亮的wo,wo,wo-o-o-o-o…声，越叫越快而声音渐小，有些类似乒乓球反弹的声响。

分布：在中国华东的历史记录存疑。在国外见于印度次大陆、缅甸。

习性与栖息地：栖于海拔2500米以下有高大多叶树的潮湿林地和开阔林地中，一般附近水资源丰富，不喜欢在荒漠地区活动，也会出现在农场、公路边和人类居住区的附近。性情活跃，主要在黄昏时活动，偶尔白天也会捕食。食物主要以各种鸟类为主，也捕食蛙、蛇、蜥蜴、大鱼等。常常利用鹰类的旧巢繁殖。

máotuǐyúxiāo

毛腿渔鸮

Bubo blakistoni / Blakiston's Fish Owl
体长 / 60-72厘米　翅长 / 50-56厘米　体重 / 3400-4500克

与雕鸮的区别
为体色较浅且
胸部纵纹较细

日本/龚本亮

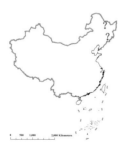

辨识要点：大型鸮。有尖角形的1对耳羽簇。胸腹部有明显的深色细纵纹，羽毛上遍布浅褐色细横斑，腿上有羽毛覆盖可区别其他渔鸮，与雕鸮的区别为体色较浅且胸部纵纹较细。虹膜黄色；喙角质灰色；脚灰色，腿被羽。毛腿渔鸮的叫声是boo boo boo三音节，亦区别雕鸮boo boo的两音节。

分布：在中国东北地区曾有广泛分布，目前仅可能残存于小兴安岭局部。在国外分布于俄罗斯东部、朝鲜半岛、萨哈林岛及日本北海道。

习性与栖息地：居住于两岸有茂密松柏林和针叶林的溪流边。即使是严冬来临也不迁徙到南方避寒，靠不结冰和部分解冻的水域勉强取得少量食物。一些个体也居住在有礁石的海岸。但均只生活在低海拔地区，通常在一个狭小的地域过着与世隔绝的隐者生活。本种常贴着水面、地面做低空飞行，每次飞行的距离也不远。主以鱼类为食，也吃虾、蟹、龟等水生动物。国际IUCN受胁等级为"濒危"，数量在全球最乐观的估计亦不足5000只，通常估测在1000只左右，在日本北海道生活着超过130只的已知最大种群。

捕到鱼后准备起飞/日本/龚本亮

腿上有羽毛覆盖

日本/龚本亮

hèyúxiāo

褐渔鸮

Ketupa zeylonensis / Brown Fish Owl

体长 / 48-58厘米　翅长 / 125-140厘米　体重 / 1105-1308克

额喉部淡色泛白

腹部纵纹粗重

斯里兰卡/李锦昌

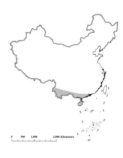

辨识要点： 大型鸮。有耳羽簇。棕褐色，腿长，额喉部淡色泛白，胸腹底色皮黄、有黑色纵纹和密集的浅褐色横纹，脚裸露不被羽毛。和黄腿渔鸮的区别在于橘黄色较少、腹部纵纹粗重且下体具浅褐色极细横纹。本种虹膜黄色，喙灰色，脚灰色。叫声为深沉的booming oomp-ooo-oo或boom boom声，不断重复，还可以发出类似猫的喵叫声。

分布： 在中国见于云南、广西、海南岛、广东、香港，亦可能见于西藏东南部。在国外分布于中东至印度次大陆、缅甸、印度支那。

习性与栖息地： 居住在发育良好且靠近河岸、海岸、湖泊、鱼塘的海拔1500米以下之低地森林，一些个体也生活在人类村庄、农场、稻田附近。常单独活动，有时也成对栖息在森林中的枝叶稠密处，但通常两只需要保持一定的距离。大多时本种站立在水边的树桩、树枝等高处，或在水面上空飞翔，一旦发现鱼类就迅速降低，在水面上抓取活鱼。有时也像涉禽一样，在浅水区慢慢踱步。除了鱼、蟹、虾、蛙、水生昆虫外，本种偶尔也会捕捉小型哺乳类、鸟类、蛇、蜥蜴等。

云南/刘璐

斯里兰卡/莫振

huángtuǐyúxiāo

黄腿渔鸮

Ketupa flavipes / Tawny Fish Owl

体长 / 48-58厘米　翅长 / 125-140厘米　体重 / 1800-2200克

陕西／宋晔

辨识要点：大型鸮。具耳羽簇。颏部蓬松的白色羽毛形成喉斑，但没有褐渔鸮明显。胸部棕黄色，具醒目的深褐色纵纹，腹部较少纵纹，脚不被羽可区别于雕鸮；体色较黄、腹部纵纹较细、胸腹部无明显浅褐色细横纹而别于褐渔鸮。飞行时翅膀飞羽和尾羽可见显著浅色条带。虹膜黄色；喙角质黑色，蜡膜黄绿色；脚偏灰黄。叫声为深沉的whoo-hoo声，亦可发出猫的喵叫。

分布：在中国分布于甘肃西南部、陕西南部、四川、贵州、安徽、江苏、浙江、广东、台湾岛。亦见于喜马拉雅山脉至中南半岛。

习性与栖息地：栖息于热带和亚热带山区茂密森林的溪流河畔，在树龄大的原生林中活动。

通常生活在平原到海拔1500米高处，但在印度，出现了海拔高达2450米的本种目击记录。和其他渔鸮一样嗜食鱼类、蟹、蛙等水生生物，偶尔也吃蜥蜴、大型昆虫和鸟类，并且具备捕杀大型鸟类如雉类的能力。

飞行时翅膀飞羽和尾羽
可见显著浅色条带

四川/张铭

体色较黄

四川/张铭

凌晨2点捉到鱼准备美餐一顿/陕西/宋晔

hèlínxiāo

褐林鸮
Strix leptogrammica / Brown Wood Owl

体长 / 40-45厘米　翅长 / 29-40厘米　体重 / 800-1100克

胸腹底色发白遍布红褐色横纹

台湾／吴崇汉

辨识要点：中型鸮。无耳羽簇。眼极大，眼周均为深褐色，头顶纯褐色，眉白色，面盘分明。胸腹底色发白遍布红褐色横纹，额部、胸部染巧克力色。虹膜深褐色，喙偏白色，脚蓝灰色。叫声复杂，常发出的声音有特别深沉的boo-boo声和四音节的goke-galoo，huhu-hooo声，还会发出各种各样的类似号啕大哭、震颤、尖叫和窃笑声。

分布：在中国见于南方地区，包括海南岛和台湾岛。在国外见于印度次大陆至东南亚及大巽他群岛。

习性与栖息地：栖息于亚热带、热带茂密的原生阔叶林和混交林中，尤其偏爱河岸与沟谷的森林，海岸附近的林地有时也可见到，主要生活在海拔500米以下。标准夜行性，常成对活动。主要以啮齿类为食，也吃鸟、蛙、小型兽类和昆虫，具备捕捉雉类、竹鸡等较大鸟类的能力，偶尔在水中捕食鱼类。捕食方式主要是静立于枝头，当猎物出现时，突然扑向猎物。

幼鸟／江西／林剑声

白眉

江西／林剑声

huīlínxiāo

灰林鸮

Strix nivicolum / Himalayan Owl

体长 / 35-40厘米　翅长 / 28-32厘米　体重 / 375-392克

云南/李利伟

辨识要点：中型鸮。无耳羽簇。有灰色和褐色两种色型。体形比乌林鸮、长尾林鸮小得多。头圆且面盘明显，眼中央有偏白"X"形斑。胸腹具浓褐色的纵纹及细小虫蠹纹。虹膜深褐色，喙黄色，脚黄色。叫声为非常响亮浑厚的huhu声，不断重复。

分布：在中国常见于西藏南部和东南部以及华南和华中大部地区，少量见于河北、山东，在台湾岛为留鸟。亦见于喜马拉雅山地区。

习性与栖息地：生活于低山海拔1000米至中山2650米的各类林地中，尤其偏爱橡树林，有时还在城市公园、绿地活动。在树洞营巢。白天通常在隐蔽的地方休息，晚上外出捕食。田鼠是灰林鸮的主要猎物，也常捕食不同种类的猎物，如鼠类、兔类、鸟类、蚯蚓及大型昆虫等，而选择在城市中生活的灰林鸮则主要以鸟类为食。

北京/张永

在树上休息时偶尔舒展翅膀/北京/徐永春

Strix uralensis / Ural Owl

chángwěilínxiāo

长尾林鸮

体长 / 50-62厘米　翅长 / 27-40厘米　体重 / 451-1307克

具深褐色明显但稀疏的纵纹

黑龙江／张岩

辨识要点：大型鸮。无耳羽簇。浅灰色调为主，眉偏白色，面盘宽且呈灰色，给人温柔之感。胸腹灰白色，具深褐色明显但稀疏的纵纹。上体褐色，具黑色纵纹和棕红色、白色的斑点，两翼及尾具横斑。较灰林鸮体形大，比乌林鸮小，与四川林鸮的区别在于本种整体色调浅但反衬出较深的面盘轮廓线。飞行时感觉有些类似普通鵟。本种虹膜褐色，喙橘黄色，脚被羽。叫声为深沉悠远的wohu wohu-huwohu，10-15秒后再次重复。

分布：在中国分布于东北的大兴安岭、小兴安岭、吉林、辽宁的长白山以及北京西部山区。在国外见于欧洲北部和东部，俄罗斯、蒙古北部、朝鲜半岛、日本。

习性与栖息地：居住在成熟但并非特别茂密的针叶林和混合落叶林中，这些林子通常距离沼泽、湿地、开阔地不远。白天大多栖息在密林深处，直立地站在靠近树干的水平粗枝上，由于体色与树的颜色相似，并不容易被发现。多活动于树林的中下层，除非进行远距离飞行才会高于树冠。飞行时轻快无声响，多呈波浪式飞行，一般飞行距离仅在50米左右。有时白天也会活动和捕食，食物中鼠类比例可高达60%-90%。来自欧洲的研究表明，这一物种对持续砍伐的森林具有惊人的适应能力，如果在靠近森林的空地处有大型巢箱更加明显。在芬兰，整个森林都被砍伐殆尽之后，它们仍然选择留在地面上的巢箱中进行繁殖活动。

迎面飞来的长尾林鸮／吉林／叶航

幼鸟站在枝头舒展着逐渐长大的翅膀，未来一段时间是它生命中最重要的阶段／新疆／刘璐

亲鸟给幼鸟带回了老鼠／吉林／叶航

新疆／唐利明

Strix davidi / Sichuan Wood Owl

体长 / 58-59厘米　翅长 / 27-40厘米　体重 / 1100克

sìchuānlínxiāo
四川林鸮

四川／罗平钊

辨识要点：大型鸮。无耳羽簇。面盘灰色，轮廓似灰林鸮，但体形更大且尾较长，胸腹有稀疏纵纹，类似长尾林鸮，但体色通常更加灰暗、色调更深，而面盘轮廓线被体色反衬得较白。虹膜褐色，喙黄色，脚被羽。叫声为深沉悠远的whoo bububub，与长尾林鸮相仿。

分布：中国鸟类特有种。主要分布在横断山区北部，见于青海东南部、甘肃南部和四川北部、中部及西部。

习性与栖息地：为中国唯一一种特有分布的鸮形目鸟类。居住在针叶和落叶的混合林或老的针叶林中。通常生活在海拔2900米-3300米处，有时候也出现在海拔5000米的高山上。喜食小型哺乳动物，如鼠、兔等。习性类似长尾林鸮。以前被认为是长尾林鸮的一个亚种，但由于已经与其他长尾林鸮亚种发生了长时间的地理隔离，现今越来越多的研究者认为四川林鸮已经独立演化成一个单独的物种。

体色比灰林鸮更加灰暗

wūlínxiāo

Strix nebulosa / Great Grey Owl

体长 / 57-67厘米　翅长 / 39-48厘米　体重 / 568-1900克

乌林鸮

眼间有对称的"C"形白色纹饰

内蒙古/张明

辨识要点：大型鸮。无耳羽簇。眼间有对称的"C"形白色纹饰，颇为明显。面盘具独特深浅色同心圆，眼周至喉中部黑色，似蓄有胡须，两旁白色的领线平延成面盘的底线。通体羽色浅灰，上、下体均具浓重的深褐色纵纹，两翼及尾具灰色及深褐色横斑。体形明显大于同域分布的所有林鸮。虹膜黄色，喙黄色，脚橘黄色。叫声为一连串的10-12个hoho声，收尾时音调音量渐衰，持续6-8秒，间隔为33秒。

分布：在中国位于其分布区边缘，见于大兴安岭。在国外见于欧洲、俄罗斯、蒙古北部、加拿大、美国。

　　习性与栖息地：栖息于靠近开阔地的云杉林、白桦林、针叶林、混交林或落叶林中，栖息地海拔从低地到最高3200米，以800-1800米最为常见。在冬季，它们常会去农舍和田地的附近。部分昼行性。喜食小型哺乳动物，如鼩鼱、旅鼠等，也捕捉鸟类。有能力捕杀雉类等较大型的鸟。性机警，飞翔迅速无声，除繁殖期外，常单独活动，停息在高大乔木顶端，静静俯瞰林地，寻找猎物。繁殖季节对人类具有一定攻击性。

吉林／龚本亮

面盘具独特深浅色同心圆

内蒙古／宋晔

内蒙古/叶翔燕

飞行中的乌林鸮/内蒙古/徐永春

měngxiāo

猛鸮

Surnia ulula / Northern Hawk-Owl

体长 / 36-41厘米　翅长 / 22-26厘米　体重 / 215-400克

褐色细密横纹

内蒙古／宋晔

辨识要点：中型鸮。无耳羽簇。面盘不明显。额羽具细小斑点，两眼间白色，旁具新月弧形的宽阔黑斑纹饰，纹饰外缘为白色弧形纹，再外围有宽大黑斑至颈侧。颏深褐色，下接白色胸环，上、下胸偏白色，具褐色细密横纹。上体棕褐色，具大的白色点斑。尾长而头圆，两翼及尾多横斑。虹膜黄色，喙偏黄色，脚浅色被羽。求偶时叫声常在深夜发出，强烈震颤音在1000米外都可以听到。雌鸟回应kshuulip声，警告时发出类似隼类的quiquiquiquiqui尖叫。

分布：在中国位于其分布区边缘，繁殖于新疆西北部天山，在内蒙古东北部和邻近的东北地区有越冬记录。在国外见于欧洲北部、俄罗斯、美国阿拉斯加和加拿大。

习性与栖息地：栖于比较开阔的针叶林、混交林、白桦林及落叶松林中，通常靠近沼泽边缘或者伐木后的开阔地带，有时候出现在靠近人类居住地的村镇附近。昼行性。常立于开阔地中的突出高处，发现猎物后从栖处飞速俯冲而下捕食。振翅快而幅度大，可以做包括"悬停"在内的高难度飞行。研究表明，本种食物中鼠类比例高达93%-98%，偶尔也抓小鸟、昆虫、青蛙和鱼。

白色胸环

施展悬停特技/内蒙古/宋晔

黑龙江/张明

内蒙古/宋晔

月下猛鸮站在枝头歇息/内蒙古/宋晔

村庄中居住的猛鸮起飞捕鼠／内蒙古／宋晔

内蒙古／宋晔

huātóuxiūliú

花头鸺鹠

Glaucidium passerinum / Eurasian Pygmy Owlet

体长 / 15-19厘米　翅长 / 9-11厘米　体重 / 47-80克

较小的双眼位于面部中部，颇显集中

瑞典/Bjorn Johansson

辨识要点：小型鸮。无耳羽簇。和领鸺鹠体形接近，为国内最小的猫头鹰。面盘不显著，蓬松的体羽看起来比较饱满，较小的双眼位于面部中部，颇显集中，可以此区别纵纹腹小鸮。灰色的头上满是白色点状斑，眉纹白色，翼及尾上多横斑，胸腹偏白而略具灰褐色纵纹，胁部和翅上没有领鸺鹠那样明显的横纹。上体褐色，亦有白点。虹膜黄色，嘴黄色，爪黑色。叫声为轻柔哨音hjunk，晨昏时约每2秒重复一次。有时此叫声夹杂断续的高银嗯声hjuuk-huhuhu-hjuuk-huhuhu-hjuuk……

分布：东北亚种在黑龙江小兴安岭及河北(东陵)有记录，或于新疆有目击。在国外分布于欧洲、俄罗斯、蒙古等。

习性与栖息地：在国内极罕见。喜欢生活在针叶林内，但有时候也住在混合林，特别是海拔高一些的林子。在阿尔卑斯山脉生活之种群高至海拔2150米。本种具有昼行性，飞行时上下波状起伏似啄木鸟，经常站在高处自上而下扑击突袭猎物。食性研究表明，本种食物中50%是鼠类，40%是鸟类，而蜥蜴、鱼、昆虫等不及10%。

língxiūliú

领鸺鹠
Glaucidium brodiei / Collared Owlet
体长 / 15-17厘米   翅长 / 8-10厘米   体重 / 52-63克

头部有大量点斑可区别斑头鸺鹠

胁部和翅上有明显横纹可区别花头鸺鹠

领鸺鹠抓住了一只飞蛾/河南/董磊

辨识要点： 小型鸮。无耳羽簇。体形明显比斑头鸺鹠小，和花头鸺鹠并肩成为中国最小的猫头鹰。体圆，颈圈浅色，头顶灰色，具密集的白色或皮黄色小斑，头部背面有一对中间黑色而以棕白色为缘的假眼。喉、胸有褐色横斑，胁部和翅上有明显横纹可区别花头鸺鹠，头部有大量点斑可区别斑头鸺鹠。腿及臀白色并有褐色纵纹。虹膜黄色，喙角质色，脚灰色。叫声为圆润的单一哨音pho, pho，昼夜可闻。

分布： 在中国常见于西藏东南部、华中、华东、西南、华南、东南以及海南岛、台湾岛。亦见于喜马拉雅山脉至东南亚、苏门答腊及婆罗洲。

习性与栖息地： 生活在有开阔地的各类森林中，昼夜栖于树上。通常生活在海拔700米到2750米处，但有时候会高达3500米。夜行性，由突出的栖木上出猎捕食，飞行时振翼极快，繁殖季节白天也外出捕食。与喜吃昆虫的斑头鸺鹠不同，本种以鸟类为主食，偶尔也会捕捉老鼠、昆虫、蜥蜴等。

幼鸟／福建／蔡卫和

头部背面长有一对假眼／河南／董磊

福建／田三龙

bāntóuxiūliú

斑头鸺鹠

Glaucidium cuculoides / Asian Barred Owlet

体长／22-25厘米　翅长／13-17厘米　体重／150-240克

头部栗色细横纹显著

胁部和翅上有明显横纹可区别花头鸺鹠

江西／林剑声

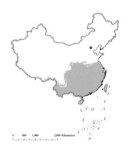

辨识要点： 小型鸮。无耳羽簇。体形明显比国内其他鸺鹠大。头部栗色细横纹显著，与面部、枕部、冠部具有点状斑的领鸺鹠不同。上体棕栗色而具赭色横斑，沿肩部有一道白色线条，下体几乎全褐色，具赭色横斑，两胁栗色，臀下白色，胁部和翅上有明显横纹可区别花头鸺鹠。虹膜黄褐色，喙偏绿色而端黄色，脚绿黄色。叫声嘹亮，不同于其他鸮类，晨昏时发出快速的颤音，调降而音量增。另发出一种似犬叫的双哨音，音量增高且速度加快，反复重复。在宁静的夜晚，可传送到数千米开外。

　　分布： 在中国见于西藏东南部、云南、华中、华南、东南包括海南岛，偶见于山东和北京。亦见于喜马拉雅山脉、印度东北部至东南亚。

　　习性与栖息地： 住在高海拔地区的松林及低海拔的常绿丛林中，但也出现在靠近人类居住地的花园和公园里。在巴基斯坦北部的喜马拉雅山脉本种最高可出现在海拔2700米处。主要为夜行性，有时白天也活动，多在夜间和清晨发出叫声。与喜吃鸟的领鸺鹠不同，本种以昆虫为主食，如甲虫、蚱蜢、螳螂、蝉等。但也抓老鼠和小雀，有时像鹰隼一样于飞行中捕捉鸟类和昆虫。

陕西/郭天成

云南/沈越

279

zòngwénfùxiǎoxiāo

纵纹腹小鸮

Athene noctua / Little Owl

体长 / 21-23厘米　翅长 / 15-18厘米　体重 / 105-260克

眼大且眼间距显大

胸腹白底具褐色纵纹

北京／宋晔

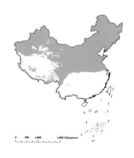

辨识要点：小型鸮。无耳羽簇。面盘不甚明显。体形虽小但视觉上显强壮。头顶平，上有细小白点或可隐约排列成细纵纹。眉色浅，眼大且眼间距显大，可区别几种鸺鹠。胸腹白底具褐色纵纹及杂斑，区别横斑腹小鸮的腹部横纹。背色红褐具大块白色点状斑。虹膜亮黄色；喙角质黄色；脚灰色，被白色羽。日夜发出占域叫声，为拖长的上升goooek声。雌鸟以假嗓回以同样的叫声，也发出响亮刺耳的keeoo或piu声，警告时发出尖利的kyitt, kyitt声。

　　分布：在中国常见于北方各省及西部的大多数地区。在国外分布于欧洲、俄罗斯、亚洲西部和中部、非洲东北部等。

　　习性与栖息地：常于地面活动，喜开阔地，常居住在农村、草原、多石的山区、牧草地、有树的花园，经常靠近农舍和人类居住区，甚至出现在城镇中，栖息地海拔高可达4600米。白天亦常活动，静立时常为周围响动吸引，快速机械地点头或转动。常立于开阔地中的篱笆、电线上，俯瞰周遭。食物以昆虫为主，尤其青睐甲虫和蚂蚱等，也捕捉两栖爬行动物如蛙、蜥蜴等，蚯蚓、鼠类、小雀也在其食谱内。惯常的捕食方式为自上而下突袭猎物，但也可以在地面奔跑捕食。飞行时上下起伏似啄木鸟，振翅频率快。

高原上的家/青海/董磊

岩洞里一窝即将出巢的幼鸟/北京/徐永春

有裸岩的山体是本种青睐的栖息地之一／内蒙古／徐永春

héngbānfùxiǎoxiāo

横斑腹小鸮

Athene brama / Spotted Owlet

体长 / 19-21厘米　翅长 / 13-17厘米　体重 / 110-115克

眉及喉白色较明显

胸腹胁部偏白，无纵纹或不
显著，心形的褐色点斑连接
成明显的横纹

東埔寨／李锦昌

辨识要点：小型鸮。无耳羽簇。头顶具白色细密的小点斑，眉及喉白色较明显，眼睛很大。两翼及背部灰褐色，有较大的白色点斑。胸腹胁部偏白，无纵纹或不显著，心形的褐色点斑连接成明显的横纹，可区别纵纹腹小鸮且本种体形更小。虹膜黄色，喙灰色，脚白色并被羽。叫声为粗哑刺耳的chirurrr-chirurrr-chirurrr继之cheevak，cheevak，cheevak。也发出嘈杂而不连贯的尖叫声及类似笑声的声响。

分布：中国位于其分布区边缘，可能见于云南南部和西藏东南部。在国外见于伊朗南部至印度次大陆以及东南亚。

习性与栖息地：结小群活动于有疏树的开阔地、农耕地、灌木地带和半沙漠地区，也出现在村镇、花园、果园、开阔的树林，但不喜欢茂密的森林。从低地到海拔1500米处均可生活。常单独或成对活动。主要以各种昆虫为食，也吃小鸟、蜥蜴、蚯蚓和小型哺乳动物，如鼠类、蝙蝠等。通常自上而下突袭猎物，但也可以在空中捕捉飞行的昆虫，如婚飞中的长翅繁殖白蚁就常常被本种在空中捕捉并大量食用。

泰国／袁屏

尼泊尔／田穗兴

泰国／宋迎涛

泰国／冯利萍

guǐxiāo

鬼鸮

Aegolius funereus / Boreal Owl

体长 / 22-27厘米　翅长 / 16-19厘米　体重 / 90-215克

眼大且集中在面部中心

捕到大鼠饱餐一顿／新疆／马鸣

辨识要点： 小型鸮。无耳羽簇。多具点斑，头高而略显方形，头顶密杂以白色斑点，面盘白净，形如眼镜，眼大且集中在面部中心，粗重的白眉毛上扬，紧贴眼下具黑色点斑，面部色彩使其有别于纵纹腹小鸮和花头鵂鹠。背部翅膀具明显的白斑，胸腹白色，具污褐色纵纹。虹膜亮黄色；喙角质灰色；脚黄色，被白色羽。占域叫声为一连串快速的七八个深沉哨音并于收尾时上升的popopopoppopapa声，甚远可闻。也发出鼻音的ku-weeuk叫声或尖利的chee-ak叫。

分布： 在中国见于新疆西北部和大、小兴安岭林区，在甘肃中部、四川北部、青海东部以及云南西北部也有记录。在国外分布于欧洲、俄罗斯、蒙古、亚洲中部、日本北海道、美国阿拉斯加和加拿大等地。

习性与栖息地： 叫声给人一种阴森可怕的感觉，因此得名。喜欢栖息于北方和亚高山带的成熟针叶林，但有时候也出现在松、桦、白杨为主的混交落叶林中。影响其是否定居的最重要因素是林中是否有适宜筑窝的洞，常营巢于啄木鸟留下的树洞里。生活在平原地区至海拔3000米左右，通常比灰林鸮更喜欢住在海拔高一些寒冷多雪的地域。秋冬季也常常游荡到低海拔地区的森林中。本种飞行快而直，稍呈波浪形飞行。主要以鼠类为食，鼠类不足时，也抓小鸟和蜥蜴等。捕食方式多为静立于树上，等待猎物出现时突然袭击。

新疆/张国强

内蒙古/李强

yīngxiāo

鹰鸮

Ninox scutulata / Brown Hawk-Owl

体长 / 27-33厘米　翅长 / 14-24厘米　体重 / 170-230克

面盘及头部色深泛灰蓝色

密布红褐色心形或水滴形点斑，连接成似鹰科鹰属猛禽般宽阔纵纹

云南/沈越

辨识要点：中型鸮。无耳羽簇。头圆，面盘及头部色深泛灰蓝，无明显色斑。上体深褐色，肩部两边各有一列白斑，胸腹白色或略黄，密布红褐色心形或水滴形点斑，连接成似鹰科鹰属猛禽般宽阔纵纹，显羽色靓丽。虹膜亮黄色；喙蓝灰色，蜡膜绿色；脚黄色。叫声为圆润的升调假嗓哨音pung-ok，第二音短促而调高，每1-2秒重复1次，有时持续时间很长，通常于晨昏时分。另有鹰鸮的*japonica*亚种。在国内繁殖于华北至东北，在国外见于俄罗斯远东地区、朝鲜半岛和日本，冬季南迁。有研究者认为此亚种可以独立为"北鹰鸮"*Ninox japonica*。北鹰鸮体形更大，体色更浅淡，叫声与鹰鸮有异，为2或3声whoop音。

分布：在中国繁殖于东北、华北、华东。在中国南方包括海南岛、台湾岛等地为留鸟。在国外见于印度次大陆、东北亚、东南亚、苏拉威西、婆罗洲、苏门答腊及爪哇西部。

习性与栖息地：本种在黄昏至夜间活动于林缘地带，有时会以家族为单位活动。其中一些会生活在城市地区人类活动较多的公园、花园等的树上。最高栖息至海拔1700米。但在亚洲东南部，一些鹰鸮亚种会选择避开人类居住地，只生活在人迹罕至的低海拔红树林和雨林。本种可在飞行中追捕空中昆虫和蝙蝠，也会自上而下扑击蜥蜴、螃蟹、青蛙、鼠类、飞鼠等。

四川／董磊

北京／宋晔

具有类似鹰属猛禽的体色花纹/辽宁/张明

幼鸟/辽宁/张明

长耳鸮

Asio otus / Long-eared Owl

体长 / 35-40厘米　翅长 / 25-32厘米　体重 / 200-435克

喙以上的面盘中央部位浅黄色区域形成"X"形图案

具大量略成十字形的褐色纵纹

辽宁/张明

辨识要点：中型鸮。耳羽簇耸立明显。面盘皮黄色，喙以上的面盘中央部位浅黄色区域形成 "X"形图案，较长的耳羽簇使其明显区别于短耳鸮。上体褐色，具深浅斑驳的条纹斑块。胸腹为皮黄色，具大量略成十字形的褐色纵纹。飞行时长耳不可见，但可见洁白的初级飞羽根部有两块明显的黑色腕斑。虹膜比短耳鸮色深，呈橙黄色；喙角质灰色；脚偏粉色，被羽。雄鸟发出含糊的ooh叫声，约2秒1次。雌鸟回以轻松的鼻音paah。告警叫声为kwek，kwek。繁殖期常于夜间鸣叫，其声低沉而长。

分布：在中国常见于北方省区，繁殖于新疆西部及天山、大兴安岭地区、横断山脉北缘，迁徙时见于中国大部地区，越冬于华北、华南、东南的沿海省份及台湾岛。在国外分布于欧洲、亚洲中部及东部、印度西北部、非洲北部、北美洲。

习性与栖息地：居住在附近有开阔地的针叶林和混合林。城镇中的花园、公园、墓地、林地也可见。栖息地最高可达2750米。白天躲藏在树林中，常垂直地栖息在树干近旁侧枝上。主要捕捉鼠类，也吃蝙蝠、小鸟、青蛙，偶尔也吃大型昆虫。除了站在树上突袭猎物外，也会在林缘低飞寻找猎物。飞行时气质从容，振翼如鸥。冬季可见其组成10-30只的群体活动。

飞行时长耳不可见

长耳簇

北京/宋晔

准备起飞的长耳鸮/甘肃/王小炯

幼鸟/新疆/沈越

duǎněrxiāo

短耳鸮

Asio flammeus / Short-eared Owl

体长 / 34-42厘米　翅长 / 28-34厘米　体重 / 206-500克

虹膜颜色为清亮的淡黄色

广东／吴健晖

辨识要点：中型鸮。短小的耳羽簇于野外不易见到，此特征和发黑的眼周"黑眼圈"区别于长耳鸮，虹膜颜色为清亮的淡黄色亦可与长耳鸮常见的橙色眼区别。上体黄褐色，满布黑色和黄色驳杂的竖斑。胸腹皮黄色，具深褐色细纵纹。翼长，飞行时黑色的腕斑易见，但常不若长耳鸮显著。虹膜黄色，喙深灰色，脚偏白色。飞行时发出kee-aw的犬吠声，似打喷嚏。

分布：在中国大部分地区为不常见的旅鸟，繁殖于东北，越冬时见于华北以南海拔1500米以下的地区。在国外见于欧洲、非洲北部、北美洲、南美洲、亚洲大部分区域。

习性与栖息地：出现在各种开阔地，如乡村、冻原、低山、丘陵、热带草原、牧草地、荒漠、森林边缘等空旷地区，尤以平原草地、沼泽和湖岸地带较多见。栖息地可从低地至高达4300米的高山。很少栖息于树上，常隐藏于开阔近水的草地中。多在黄昏和晚上猎食，但也会在白天活动。飞行时多贴地面，常在一阵鼓翼飞翔后又伴随着一阵滑翔，还会做"悬停"飞行。食物以鼠类和鸟类为主，亦食青蛙和大型昆虫。

黄昏在湿地上空巡弋／北京／沈越

耳羽簇短

"黑眼圈"明显

辽宁／张建国

广东/吴健晖

广东/吴健晖

James FL,David A,Christie.Raptors of the World.Princeton: Princeton University Press,2005.

Mikkola H.Owls of the world.New York:Firefly Books Ltd,2012.

Gensbol B.Birds of Prey. London:Christopher Helm Publishers Ltd, 2008.

Lars S,Peter J,Grant.Bird Guide:Britain and Europe.London:Christopher Helm Publishers Ltd, 2006.

Liguori J.Hawks from Every Angle. Princeton:Princeton University Press,2005.

Ayé R, Schweizer M, Roth T. Birds of Central Asia (Helm Field Guides). London:Christopher Helm Publishers Ltd, 2012.

BirdLife International. Threatened birds of Asia: the BirdLife International Red Data Book. Cambridge:BirdLife International, 2001.

山形则男．ワシタカ類飛翔ハンドブック．东京：文一综合出版，2008.

林文宏．猛禽观察图鉴．台北：远流出版事业股份有限公司，2006.

马敬能，菲利普斯，何芬奇．中国鸟类野外手册．长沙：湖南教育出版社，2000.

赵正阶．中国鸟类志：上、下卷．长春：吉林科学技术出版社，2001.

曲利明．中国鸟类图鉴：全3册．福州：海峡书局，2013.

尹琏，费嘉伦，林超英．香港及华南鸟类. 第8版．香港：香港观鸟会，2008.

郑光美．中国鸟类分类与分布名录．北京：科学出版社，2002.

郑光美．中国鸟类分类与分布名录. 第2版．北京：科学出版社，2011.

郑作新．中国鸟类系统检索表. 第3版．北京：科学出版社，2002.

张国强．阿勒泰野鸟．福州：海峡书局，2015.